L'ORTO IN CASA

Guida pratica per coltivare frutta e verdura in balcone, terrazzo o davanzale. Risparmia, mangia sano e rilassati con l'**ortoterapia**!

Marzia Verdi

HOW2
EDIZIONI

INDICE

INTRODUZIONE

Vuoi coltivare ortaggi sani e gustosi anche senza giardino?

Scopri come creare il tuo orto sul balcone, in terrazzo o in casa, risparmiando e migliorando la tua salute!

Mangiare bene, spendere meno e vivere meglio: tutto questo è possibile con un piccolo orto domestico, anche se vivi in città e non hai spazio all'aperto.
Con questo manuale pratico e ispirante, imparerai passo dopo passo a coltivare **frutta, verdura e piante aromatiche in vaso**, trasformando balconi, davanzali e terrazze in veri angoli verdi produttivi.

Cosa troverai nel libro:

- *Come iniziare un orto in casa, anche da zero*
- *Le verdure e gli ortaggi migliori da coltivare in vaso*
- *Come organizzare gli spazi, scegliere i contenitori e la terra giusta*
- *Trucchi per nutrire le piante in modo naturale ed economico*
- *I segreti dell'ortoterapia: rilassati, respira e coltiva benessere*
- *Consigli stagionali, errori da evitare e domande frequenti*

Coltivare il tuo cibo non è solo un modo per **mangiare sano e risparmiare**, ma anche per **ritrovare equilibrio, soddisfazione e gratitudine** nella vita quotidiana.
Perfetto per principianti, famiglie, pensionati e tutti coloro che vogliono iniziare subito senza stress.

1. IL PICCOLO ORTOLANO

1.1. Che pollice hai?

Ricordo una divertente storia a fumetti di tanti anni fa, in cui Paperino tentava invano di rendere il suo giardino il più bello del paese. Aveva letto di tutto e si affannava da mattina a sera, ma niente: più che un giardino pareva uno scenario post-apocalittico. Si sentiva inadeguato, era perfino giunto ad avere incubi. I nipoti decisero dunque di interpellare Archimede Pitagorico, lo scienziato di Paperopoli, alla ricerca di un rimedio che potesse infondergli il "pollice verde". Archimede rispose che ciò che mancava allo zio era solo una buona dose di fiducia, e suggerì l'applicazione sul suo dito di un semplice colorante verde. Convinto che quello fosse il "vero pollice verde", Paperino diventò un esperto giardiniere e trasformò il giardino in un profluvio di cascate floreali.
La storia è volutamente estremizzata, ma contiene un fondo di verità. L'autostima e un minimo di fiducia in sé sono parte integrante del cosiddetto "pollice verde", anzi probabilmente ne sono il presupposto.

La fiducia in se stessi non è, come molti pensano, una pozione magica che automaticamente ti rende il migliore della galassia. È una qualità interiore, non sempre innata ma coltivabile, che si fonda da un lato sulla valutazione realistica dei propri punti di forza (senza strafare), dall'altro sull'accettazione degli inevitabili fallimenti. Se si ha fiducia, infatti, il fiore appassito o il seme che non germoglia non saranno sinonimo di insuccesso totale, e non condurranno alla resa definitiva ma, al contrario, alla ricerca di un miglioramento. Di successo in delusione, la volontà di riparare agli errori ci spinge a proseguire e a cercare nuove strade e alternative, contrariamente a chi si spegne alla prima difficoltà.

Quindi, una buona motivazione può essere sufficiente per trasformare un pollice da nero a verde. Creare un'oasi di pace dove recuperare il benessere e l'umore, produrre da sé ciò che si mangia, godere della bellezza della natura: a ognuno il suo pollice attitudinale!

E tu che pollice hai?

1.2. Il pollice verde antidepressivo e la green therapy

Il concetto di green therapy nacque intorno alla metà del secolo scorso in America, dove iniziarono a diffondersi veri e propri corsi dedicati a quella che nel tempo è stata definita "ortoterapia" o "terapia delle piante", ma i suoi benefici sono noti da molto prima. Se la semplice vista di un giardino o la visualizzazione mentale di scenari naturali sono in grado di infondere sensazioni positive, immagina cosa può fare prendersi cura delle piante!

1. Anzitutto, coltivare il proprio spazio verde richiede concentrazione, coordinazione motoria e una certa dose di creatività, preservando quindi il nostro **sviluppo cognitivo**.
2. Non indifferenti sono le ripercussioni che vengono dall'**attività fisica** necessaria per badare al giardino (evitando però un carico eccessivo): riduzione del peso corporeo, sviluppo muscolare, regolazione della pressione sanguigna; tutto ciò si riflette poi sulla salute emotiva.
3. Vedere i frutti delle proprie fatiche **rinsalda l'autostima** e

riduce lo stress e i cali dell'umore. Può anche aiutare a vedere più positivo, laddove si accetteranno le piccole delusioni e i fallimenti che inevitabilmente si sperimentano. Inoltre si affina il senso di responsabilità nei confronti dell'essere vivente "pianta" e dell'ambiente stesso.

4. La stimolazione delle sensazioni tattili e olfattive migliora la nostra percezione dell'ambiente: questo ha anche la piacevole conseguenza di **proiettarci verso l'esterno** e distrarci dai pensieri.

5. È un'attività che si può condurre da soli o in compagnia. Nel primo caso sarà un ottimo modo per prendersi del tempo per se stessi dopo una giornata frenetica. Nel secondo, invece, si stimolano la **cooperazione** e le relazioni sociali.

6. Ma soprattutto, se condotto con i dovuti accorgimenti e senza puntare troppo in alto, il giardinaggio aiuta a ritagliarsi un intervallo piacevole tra i ritmi convulsi della vita odierna.

1.3. Il pollice verde dell'autoproduzione

Secondo l'Istat, le famiglie italiane spendono in media, mensilmente, un centinaio di euro per frutta e verdura per un totale di circa 1200 euro annuali (la cifra varia a seconda che si consumi più sfuso o più confezionato, che costa di più). Le cifre crescono se la nostra alimentazione si rifà ai canoni della dieta mediterranea, che prevede più alimenti di origine vegetale di quanti statisticamente se ne consumino. È chiaro che portare la produzione più vicina possibile alla totalità del proprio fabbisogno richiede anche più impegno e fatica. È necessario quindi stilare un compromesso in base alle proprie aspirazioni, per evitare che il nostro nuovo hobby si trasformi in ulteriore stress.

In questo volume non ci occuperemo della coltivazione di cereali (frumento, mais, riso ecc.) che richiedono troppo spazio (anche centinaia di metri quadri di terreno) e un grosso impegno in termini di manodopera e denaro. Ci concentreremo invece su ciò che è possibile autoprodurre a partire dal balcone fino a un piccolo orto di 5-10 mq. Se sei interessato a questo aspetto, passa al capitolo 4.!

1.4. Il pollice verde artistico

Questo è forse il pollice che richiede un po' più d'impegno, ed è quello finalizzato ad avere "il più bel giardino o terrazzo del paese".
Se aspiri a uno di quei giardini con prato inglese ben curato e tanto di aceri giapponesi e cascate floreali, aspettati grandi fatiche, a partire dalla progettazione. La cosa migliore sarebbe farsi aiutare da un progettista del verde (se ne trovano anche presso i garden center). Se invece vuoi fare tutto da solo, ecco alcune linee guida per ottimizzare estetica e funzionalità.

1. **Il tappeto erboso**: è uno dei costi che grava maggiormente sul bilancio di gestione del verde, e richiede impegno continuo per lo sfalcio. La cosa migliore è ridurlo al minimo indispensabile (sostituendolo con piante tappezzanti e arbusti), ma in modo tale da avere una superficie che faciliti il tosaerba. In commercio esistono miscele di sementi da prato già pronte, a bassa manutenzione, che conciliano specie resistenti al calpestio con specie a crescita lenta e specie rustiche. Puoi scegliere tra un prato di tipo inglese (costituito da graminacee fini), molto elegante ma delicato e gravoso da mantenere, e uno più rustico (con tessitura grossolana e libera), più vivibile, che richiede meno impegno. Per superfici di grosse dimensioni esiste anche pronto in rotoli (prezzo 10-15 €/mq) da posare entro un paio di giorni dall'acquisto su un terreno lavorato per 10-15 cm di profondità.

2. **Le piante annuali**: molto apprezzate per il colore della fioritura, richiedono però manutenzione continua (soprattutto per il diserbo) e hanno breve durata, quindi puoi usarle per rinnovare il giardino di anno in anno con nuovi colori oppure per colmare temporaneamente un vuoto. La movimentazione delle piantine è comunque piuttosto semplice: spesso si trovano in piccoli contenitori alveolari e hanno apparato

radicale ridotto. Le specie più utilizzate: agerato, begonia, celosia, impatiens, petunia, portulaca, tagete, verbena.

3. **Le piante biennali**: fioriscono nell'inverno o nella primavera successiva alla semina, e puoi usarle per abbellire il giardino nei mesi invernali e prima del trapianto delle annuali. Se le accosti alle bulbose (tulipani, giacinti) avrai aiuole fiorite per circa due mesi in primavera. Le specie più usate: pratolina, non-ti-scordar-di-me, viola del pensiero, cavolo ornamentale, calendola, fiordaliso, primula.

4. **Le erbacee perenni**: sono comunque da preferire, perché più rustiche e durevoli. Con esse puoi creare delle "macchie colorate" molto decorative di 10-15 piantine della stessa specie, che puoi accostare ad altre "macchie" di piante con simile altezza ed espansione. Le specie più usate: aquilegia, aster, crisantemo, iberis, achillea, campanula, geranio, elleboro, peonia, sassifraga.

5. **Le specie tappezzanti**: ottime per contrastare le infestanti,

puoi utilizzarle negli spazi sotto gli alberi o per rivestire piccoli dislivelli. Le specie più usate: frankenia, pervinca minore, iperico calicino, lippia nodiflora, *Matricaria tchihatchewii*.

6. **Le bulbose**: croco, iris e narciso sono più resistenti e richiedono meno manutenzione rispetto ad altre specie come il tulipano.

7. **Le piante acquatiche**: se prevedi un piccolo bacino d'acqua, perché non allietarlo con queste graziose specie perenni che fungono anche da filtro? Esse infatti sono in grado di depurare l'acqua da metalli pesanti e batteri patogeni. Le specie più usate: azolla, giacinto d'acqua, *Pistia stratiotes*, ninfee.

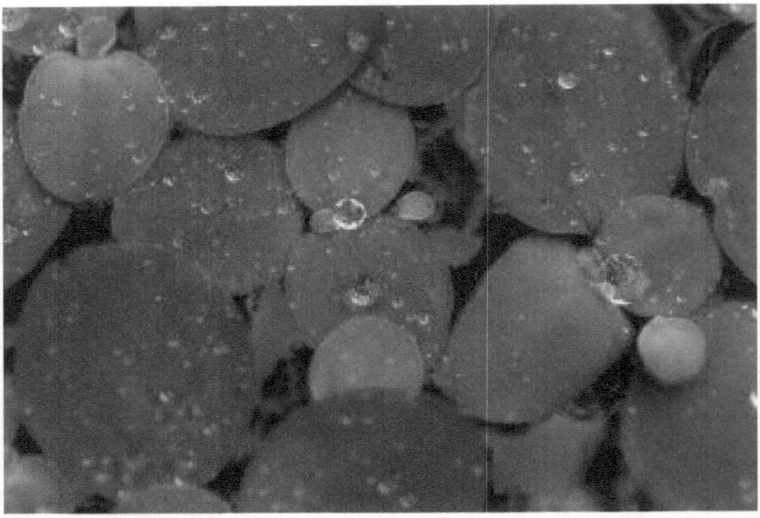

8. **Le distanze d'impianto**: la distanza consigliata tra una pianta e l'altra è di circa 15-20 cm se l'altezza della pianta rimane sotto i 40 cm, 50-60 cm per altezze maggiori.

9. **Gli arbusti**: grazie alla loro "altezza occhi" colgono la nostra attenzione e sono essenziali non solo come elemento d'attrattiva, ma anche per conferire al giardino tutte le dimensioni della natura. Inoltre permettono di ridurre i costi del tappeto erboso. Puoi usarli nelle aiuole, nelle bordure, nelle siepi, a mo' di tappezzanti (ad esempio il cotoneaster, con le sue graziose bacche rosse) o rampicanti (un classico è la bellissima vite americana per ricoprire i pergolati). Se vuoi dare un po' di colore anche d'inverno puoi usare, per esempio, *Cornus* var. 'sibirica' con le sue fronde sanguigne, oppure arbusti a fioritura precoce (forsizia, erica, viburno) o che producono frutti appariscenti (piracanta, agrifoglio, rosa canina). Altre specie molto usate: aucuba japonica, berberis, camelia, agrifoglio, lantana, lauro, oleandro, rododendro.

10. **Le siepi**: ottime per delimitare spazi, contrastare l'azione

del vento e creare un contrasto visivo con i fiori. Se vuoi una siepe regolare e definita, le specie da utilizzare sono bosso, ligustro e tasso. Ma niente ti vieta di creare un mix più casual, associando più specie come nocciolo, biancospino, rosa, sambuco e risparmiandoti la ferrea potatura delle siepi formali.

11. **Gli alberi**: l'ovvio consiglio è di utilizzare quelli a sviluppo più contenuto, per esempio il nocciolo di Costantinopoli, il melo giapponese da fiore, il sorbo degli uccellatori, il frassino nano, l'acero platanoide var. 'globosum'... Oppure di cercare le varietà con chioma lunga e stretta ("fastigiata", "pyramidalis", "columnare") di acero platanoide, carpino bianco, pioppo nero, farnia, robinia, sorbo e tiglio. Menzione d'onore al liriodendro, con le sue foglie peculiari e gli splendidi fiori gialli, e al ginkgo, per l'effetto sgargiante del fogliame in autunno (attenzione però alla varietà femminile che produce frutti maleodoranti). Se vuoi ridurre la manodopera d'impianto acquista esemplari giovani (15 cm di diametro circa), altrimenti puoi ricorrere ad alberi già maturi per un effetto visivo immediato. Informati in comune per le distanze dal confine previste dalla normativa.

12. **I viali**: devono avere una forma sinuosa e punti nascosti alla visuale. Le curve migliorano l'estetica naturale del giardino, ingannano la prospettiva rendendolo più grande e aumentano il tempo della passeggiata. Possono essere in pietra, ghiaia o sabbia, delimitati da ciottoli, elementi in cemento o in legno.

13. **I materiali per le strutture**: pietra e legno sono i materiali che meglio si abbinano al contesto naturale. La pietra è resistente e multiforme, ma ha anche costi più elevati e richiede una certa manodopera per la posa (che si tratti di pietre ornamentali, fioriere o altri elementi d'arredo). Molto utilizzata l'ardesia. Il legno è leggero e si presta a mille lavorazioni, ma è poco durevole se non adeguatamente

trattato. I suoi impieghi caratteristici sono nella realizzazione di panchine, steccati, giochi per bambini, decks (la pavimentazione sollevata tipica di saune e piscine), dischi per rivestire sentieri o delimitare spazi, truciolato decorativo.

14. **La pacciamatura**: utile per mantenere l'umidità del terreno e contrastare le infestanti, se scegli quella giusta la pacciamatura può essere anche decorativa. Puoi ottenere un ottimo effetto visivo tramite materiali come truciolato, sabbia grossolana o argilla espansa sparsi uniformemente all'interno delle aiuole o negli spazi sottochioma degli alberi.

1.5. L'ABC dell'aspirante giardiniere fai da te

Se è la tua prima esperienza, non preoccuparti! Qui di seguito trovi una rassegna dei principi di base.

1.5.1. Sicurezza e dispositivi

Innanzitutto qualche raccomandazione che probabilmente già conoscerai, ma che è sempre bene ricordare.

1. Se sei affetto da **patologie** dolorose croniche, ernie o altre problematiche serie a livello osteoarticolare, richiedi prima un parere medico.
2. Cerca di mantenere la **schiena** curva il meno possibile quando effettui lavori manuali. Se non ce la fai, non fare l'eroe! Delega ad altri i lavori più faticosi o acquista attrezzi elettrici che possano sollevarti dai carichi eccessivi. Sul mercato ormai esistono utensili che evitano di inginocchiarsi, curvarsi, trascinare pesi, procurarsi strappi e stirature. Viva l'attività fisica, ma nel rispetto dei propri limiti!
3. Se sei digiuno di attività fisica, non iniziare subito con lavori pesanti, ma procedi **gradualmente** a partire da mezz'ora/un'ora al giorno, e prenditi diverse pause. È utile prepararsi con un po' di riscaldamento e di stretching, sia nei giorni precedenti l'inizio delle attività, sia quotidianamente, poco prima di dedicarsi ai lavori.
4. Nei periodi **torridi**, evita di lavorare nelle ore più calde e tieni a portata di mano una bottiglia d'acqua. Indossa sempre un cappello con visiera o tesa.
5. Utilizza più innaffiatoi piccoli piuttosto che un unico grosso innaffiatoio. Riduci il **peso** da trasportare e bilanci i carichi.
6. Usa sempre **guanti** appositi, soprattutto quando lavori la terra, durante le potature e per la gestione di piante con spine: ne esistono di ogni tipo e materiale (nylon, PVC, pelle ecc.)

Possiedono tutti caratteristiche prensili e protettive, sceglili in base alle tue esigenze di comodità. A volte possono essere necessari guanti "antitaglio", altre volte con "artigli" per scavare il terreno.

7. Esistono anche delle comode **ginocchiere** per evitare di scorticare pantaloni e ginocchia quando ti accovacci.

8. Non dimenticare le **cuffie** antirumore quando usi attrezzi a motore!

9. Se hai un giardino grande e lavori molto, potrebbe farti comodo un paio di **scarponcini** idrorepellenti con una suola dalla presa ottimale ed eventualmente punta in ferro.

1.5.2. Attrezzi e macchinari

I migliori attrezzi, che coniugano durevolezza con maneggevolezza e resistenza, sono fabbricati in acciaio inox. Il manico può essere in legno (frassino o faggio) oppure altri materiali (es. fibra di vetro). Sul mercato, comunque, esistono diverse tipologie adatte a ogni tipo di utente e con facilitazioni che riducono il carico lavorativo.

Vanga: attrezzo indispensabile per tagliare e ribaltare le zolle, attività che migliora la struttura del terreno ed elimina la vegetazione spontanea. È costituita da una lama trapezoidale e un manico fornito eventualmente di assicella su cui fare leva con il piede.

La vanga "a denti" (o forca) penetra meglio nel terreno, specie se argilloso, e serve a rompere le zolle più dure. È molto usata laddove non è previsto il ribaltamento del terreno, ma solo la sua frantumazione (es. agricoltura biologica).
La vanga "a punta quadra" è più comoda per rivoltare il

terreno e più precisa per scavare buche. Può essere sufficiente per i terreni sciolti.
La vanga a punta dritta (o "a freccia") penetra e taglia in profondità il terreno: è l'ideale per un terreno compattato dal tempo.

Rastrello: "da terreno", cioè stretto, con pochi denti, per pareggiare e sminuzzare il terreno e facilitare l'interramento dei semi più piccoli; "da fieno", cioè più lungo e con molti denti, per raccogliere il materiale e rastrellare il campo da sassi, tuberi e così via. Il rastrello da terreno deve essere di metallo, quello da fieno può anche essere in plastica.

Pala: per spargere il letame o il compost o setacciare un terreno troppo ricco in scheletro (sassi).

Zappa: non è strettamente indispensabile ma ha una sua utilità. La migliore è quella doppia, con la parte piatta da un lato, per creare i tipici cordoni di terra su cui piantare per evitare i ristagni d'acqua, e la parte biforcata dall'altro, che serve a rompere le zolle troppo dure.

Esistono anche versioni meccaniche di questi attrezzi, utili a

chi ha difficoltà nel compiere queste operazioni manualmente: motozappa e motovanga.
Può essere utile una **carriola** per trasportare terra, ramaglie ecc. e una **scala** leggera, in alluminio e a norma di legge.

Cesoie: o forbici per la potatura, devono essere leggere e maneggevoli. La lama può essere semplice o doppia. La migliore è quest'ultima poiché, oltre a recidere meglio, effettua un taglio più pulito e regolare, evitando schiacciamenti e abrasioni. Le cesoie con manico (**troncarami**) sono utili per potare gli alberi. Le lame andrebbero disinfettate con alcol tra una potatura e l'altra per evitare la trasmissione di virosi o batteriosi, e l'attrezzo va conservato in luogo asciutto.

Seghetti: necessari per potare rami di grosso diametro (oltre i 10 cm); con lame non troppo lunghe e curvatura apicale per evitare di danneggiare la vegetazione circostante.

Coltelli: possono essere dritti per alcuni tipi di riproduzione vegetativa (innesto, talea) e le potature (rifinitura, cimatura)

oppure a falcetto per lo sfalcio delle infestanti.
Anche in questo caso vi sono alternative a motore: cesoie a batteria, motosega, tosasiepi.
Per il prato i macchinari da considerare sono due.

Tosaerba: per sistemare piccoli appezzamenti pianeggianti, può essere a benzina, elettrico o a batteria; può avere un serbatoio di raccolta dello sfalcio oppure un meccanismo che lo tritura e lo rovescia direttamente sul terreno, in modo che funga da pacciamante o da concime.

Decespugliatore: macchinario costituito da uno strumento da taglio all'estremità di un'asta, azionato da un motore a scoppio o elettrico. Rispetto al tosaerba è in grado di tagliare in pendenza e di gestire anche elementi più duri: rovi, piccoli cespugli, canne, cespi... I macchinari con cavo elettrico sono i più scomodi, anche se a buon mercato. Ottime alternative sono quelli a benzina (di potenza superiore, ma con vibrazioni più fastidiose) o a batteria. Ce ne sono diversi tipi, da scegliere in base al prezzo o alla congenialità: a impugnatura singola o doppia, a ruote, a spalla...

1.5.3. L'irrigazione

La cosa migliore, anche per risparmiare sulla bolletta, è avere un paio di grossi bidoni per la raccolta dell'**acqua piovana**. Alcuni utilizzano grandi cisterne protette da filtri metallici a maglie fitte, eventualmente collegate alla grondaia di casa e provviste di pompa per pescare l'acqua e procedere all'aspersione. L'acqua piovana non è pura come durante l'era pre-industriale, ma a livello di inquinanti è molto migliorata rispetto a una ventina di anni fa. Inoltre non contiene calcare, e il fatto che sia leggermente acida migliora l'assorbimento dei sali minerali da parte delle piante. Se vivi in una metropoli, comunque, prima di esporre il tuo collettore puoi attendere qualche ora dall'inizio delle precipitazioni o addirittura il giorno seguente, in modo che polveri sottili e altri inquinanti si siano già depositati.
In alcune zone l'acqua del rubinetto contiene un eccesso di calcare dannoso per alcune specie (per esempio fragole o piante acidofile). È sempre bene **lasciarla riposare almeno un paio d'ore** prima dell'utilizzo, in modo che calcare e altri sali si depositino sul fondo.

In linea generale è sempre bene innaffiare durante la **sera** o le prime ore del mattino, per evitare l'evaporazione eccessiva specie nei periodi più caldi. Se hai la fortuna di poter installare un impianto automatico, programmalo in modo che si avvii durante la notte e assicurati che sia dotato di un sensore intelligente per la pioggia.

I migliori impianti di irrigazione però sono quelli **"a goccia"**, che erogano una quantità d'acqua minima e costante localizzata alla singola pianta. Questi impianti hanno però costi molto elevati per gli hobbisti.
La **pacciamatura** con teli o altri materiali riduce l'evaporazione del terreno, che se è ben lavorato e ricco di

sostanza organica tende a trattenere più acqua.

È importante evitare carenze ed eccessi idrici, ugualmente nocivi; così come l'alternanza continua degli stessi. È facile notare quando il substrato è troppo secco o troppo bagnato infilando un dito nel terreno e saggiandone l'umidità.

1.5.4. Il terreno

Non si tratta di substrato inerte, ma un mix di sostanze minerali, acqua, aria e organismi biologici. La frazione minerale è composta da particelle di diverse dimensioni: dalle più grandi (ciottoli, ghiaia) a quelle intermedie (sabbia) a quelle più piccole (limo e argilla).

Importante è la **tessitura** del terreno, cioè la percentuale delle varie particelle. Un suolo a prevalenza ghiaiosa non va bene, in quanto i ciottoli non sono utilizzabili dalle radici. Un suolo sabbioso si riconosce perché se lo raccogli si sfalda facilmente tra le mani, anche quando è umido, e ha lo svantaggio di trattenere poco l'acqua. Un suolo argilloso è invece più plastico e compatto; puoi lavorarlo con le mani creando forme e ha l'inconveniente di essere asfittico (le radici hanno bisogno d'aria). La tessitura più adatta è quella definita **di medio impasto**, cioè con la giusta percentuale di sabbia, argilla e sostanza organica.

Per le coltivazioni in vaso la cosa migliore è acquistare i terricci già pronti e specifici per il tipo di coltura. Per il giardino, invece, come prima cosa è bene valutarne la tessitura quando il terreno è "in tempera", cioè né troppo impregnato d'acqua né eccessivamente secco.
Se ti risulta troppo compatto, la cosa migliore è lavorarlo incorporando della sabbia o ghiaino (che si trovano in vendita anche nei garden center) per favorire il drenaggio idrico. Se invece è troppo sabbioso, va integrato con terreno da compost per renderlo più soffice e aumentare la ritenuta dell'umidità.

Utile anche misurare il **pH** con i kit che trovi in commercio. Il range ottimale per la crescita delle piante si aggira tra 6.5 e 8.5, tranne per le acidofile che preferiscono pH intorno a 5.5.

Per correggere un terreno troppo acido puoi usare cenere o calce; materiali acidificanti sono invece torba, fondi di caffè o di tè e zolfo in polvere. Naturalmente trovi prodotti già pronti nei punti vendita specializzati.

Se il terreno viene coltivato per la prima volta (o dopo molto tempo), è meglio eseguire un decespugliamento e uno spietramento preliminare, prima di dedicarsi alla rimescolatura del terreno "in tempera" tramite vanga (ed eventualmente zappa).

La vangatura. Si infila la piastra metallica nel terreno e si ribalta ogni zolla per 20-30 cm di profondità (dopo qualche anno è utile andare più a fondo per contrastare la formazione del "crostone di lavorazione"), muovendosi all'indietro. Si viene quindi a creare una piccola trincea, da riempire con letame o compost, che verrà ricoperta dalla vangatura della striscia contigua. L'epoca migliore in cui effettuare questa operazione è l'autunno, per lasciare il terreno esposto alle intemperie invernali che ne migliorano la struttura. Inoltre in questo modo è possibile impiegare letame non maturo; se invece per qualsiasi motivo preferisci effettuare la vangatura a fine inverno, è bene che il letame sia completamente maturo. Se la vangatura è stata effettuata a fine inverno andrà eseguita successivamente anche una **zappatura** per frantumare le zolle, che non sono state ammorbidite dall'azione atmosferica. La zappatura deve essere fatta con il terreno in tempera.

Prima di seminare si rastrella il terreno (interrando le punte per qualche cm) per livellarlo e rimuovere eventuali infestanti.

1.5.5. Principi di concimazione

Il concime è il materiale apportato al terreno per mettere a disposizione delle piante gli elementi indispensabili alla loro vita. Questi elementi si suddividono in **microelementi** (boro, manganese, rame, zinco, molibdeno) e **macroelementi** (azoto, fosforo, potassio, calcio, ferro, magnesio, zolfo).
Dei macroelementi in genere sono oggetto di fertilizzazione soltanto i primi tre, poiché non presenti in concentrazioni adatte alla coltura o perché dilavati; gli altri si somministrano solo in casi particolari.

L'**azoto** è l'elemento "del verde": costituente della clorofilla, delle proteine, degli acidi nucleici e degli alcaloidi, la sua presenza in gran quantità favorisce lo sviluppo delle parti verdi. Carenza di azoto determina clorosi fogliare (ingiallimento), crescita stentata e assottigliamento dei fusti. Se la situazione si protrae puoi notare il caratteristico disseccamento delle foglie più vecchie (alla base), poiché la pianta trasferisce le riserve verso le foglie giovani e i germogli.

Eccesso di azoto provoca "lussureggiamento" delle parti verdi, con conseguente minor produzione di fiori e frutti, minor resistenza al vento, alla pioggia e ai parassiti, allettamento del fusto (che tende ad accasciarsi al terreno) e maggior bisogno d'acqua. L'abuso di concimi azotati è dannoso anche per il terreno e per le acque.
La quantità di azoto richiesta dipende dal tipo di pianta: le graminacee ne assimilano molto, mentre per le leguminose (che sono azotofissatrici) è sconsigliata.

Il **fosforo** è importante per la produzione di energia, per lo sviluppo dell'apparato radicale, per l'immagazzinamento di sostanze di riserva in semi e tuberi e per i processi legati alla fioritura, alla fecondazione e alla maturazione dei frutti. Una sua carenza rallenta l'attività biologica della pianta e le foglie possono assumere un caratteristico colore bluastro. L'humus contiene una buona quantità di fosforo organico.

Il **potassio** è implicato nella resistenza alle avversità (gelo, patologie, allettamento), nella fioritura, nel turgore cellulare, nell'accumulo di sostanze di riserva (soprattutto zuccheri, anche nei frutti) e nell'equilibrio acido-base. La carenza può riscontrarsi nei terreni sabbiosi, dove viene dilavato, e può provocare iniziale ingiallimento degli apici e dei margini fogliari per poi passare a tutta la foglia, in aggiunta alla presenza di macchie scure e secche. I frutti diventano scarsi, piccoli e pallidi.

Il **magnesio** è l'atomo centrale della molecola della clorofilla. Le piante lo assorbono in buona quantità; le più ghiotte sono comunque barbabietola, pomodoro, tabacco, vite, piante da frutto e da serra in genere, in cui la carenza provoca un rallentamento della crescita e ingiallimento delle foglie più vecchie a partire dalle nervature. Il magnesio può anche essere somministrato per via fogliare in caso di emergenza.

Lo **zolfo** è il costituente degli aminoacidi solforati e una sua carenza (maggiore oggi rispetto al passato, per via della riduzione delle emissioni solforose) provoca l'ingiallimento delle foglie a partire da quelle più giovani. Non è un problema diffuso, ma è bene tenere conto di questo aspetto nelle colture che ne richiedono di più: erba medica, barbabietola, pomodoro, cipolla, vite, crucifere (cavolo, verza ecc.)

Il **calcio** è l'elemento chiave dei suoli calcarei (dove può ridurre l'assimilazione di ferro e fosforo), mentre è carente nei suoli acidi. È importante per l'equilibrio acido-base della pianta e per la formazione di alcuni tessuti meccanici. I concimi a base di calcio sono adatti a terreni acidi (ma attenzione alle acidofile, che invece non li tollerano!)

Come si concima. Un terreno ricco in humus è un buon punto di partenza. Molti riescono a mantenere orti e giardini con il solo uso di compost o letame, incorporandolo nel terreno durante le lavorazioni preliminari. Se però noti che le piante sono affaticate, in commercio esistono concimi per ogni esigenza.

Se hai a disposizione del **letame maturo** (o qualcuno che te lo fornisce), basta una sola somministrazione in ottobre-novembre (oppure a fine inverno, prima della semina/trapianto). In caso contrario nei vivai o nei consorzi agrari puoi reperire lo **stallatico**, letame di cavallo e mucca essiccato, spesso in pellet e pronto all'uso. Più concentrato in nutrienti, andrebbe somministrato in due parti: una in autunno e una a fine inverno.

In alternativa, puoi effettuare la seconda concimazione con i **concimi ternari** (contenenti azoto, fosforo e potassio secondo una proporzione che viene indicata con la sigla N:P:K) o a singolo elemento presenti in commercio, adatti a diverse esigenze.

Seguendo la posologia indicata sulla confezione vengono sparsi sul terreno intorno alla pianta e poi interrati con un rastrello, oppure si incorporano nel terriccio del vaso, evitando il contatto diretto con le radici. Esistono anche fertilizzanti liquidi somministrabili tramite annaffiatura.

Se non vuoi utilizzare prodotti sintetici, ecco alcune alternative dedicate all'**agricoltura biologica**.

Prodotti biologici azotati

Letame e compost: fungono sia da concime sia da ammendante (migliorano la struttura del terreno con l'apporto di sostanza organica).
Sangue di bue: in origine era il residuo della macellazione dei bovini, ma in commercio si trovano ormai soluzioni ottenute da melassa di barbabietola (che dà il colore rosso). Questo concime, in genere somministrato per via liquida, contiene anche ferro. Fai molta attenzione a seguire la posologia, poiché l'alta concentrazione in azoto può danneggiare piante e terreno. Ottimo per le acidofile, in quanto aggiusta il pH di un terreno troppo basico, per le sempreverdi e in generale per le piante con elevato fabbisogno di ferro o in carenza di tale minerale.
Cornunghia: concime a lento rilascio derivato dalla lavorazione della carne (in particolare dallo zoccolo di bovini ed equini), ottimo per la crescita nel tempo (1-2 anni) delle acidofile e di altre piante che soffrono l'eccesso di salinità. Puoi trovarla in farina o in grana grossa e miscelarla al terreno in lavorazione oppure spargerla nei vasi (avendo cura però di interrarlo parzialmente). È anche un ottimo ammendante. Non è adatto come concime di pronto effetto.

Prodotti biologici fosforici

Pollina: residuo degli escrementi da pollaio. Se hai la fortuna di averne uno, puoi usare la pollina fresca soltanto se la incorpori nel terreno in autunno, in assenza di piante; altrimenti devi lasciarla fermentare al riparo per almeno quattro mesi. In questo modo eviterai anche il problema dell'odore. La composizione in nutrienti è molto variabile, ma spesso ricca in fosforo e azoto.
Guano: derivato dalle deiezioni degli uccelli marini, contiene molto fosforo e azoto. Ti consiglio quindi di rispettare i dosaggi suggeriti per evitarne l'accumulo nel terreno e nelle piante. Si trova in commercio in forma granulare, ed essendo

di pronto effetto si utilizza durante la fase vegetativa (meglio evitare l'incorporazione nel terreno durante le lavorazioni preliminari, in quanto l'azoto rischia di essere dilavato).

Farina di ossa: derivata dalla lavorazione delle carni, oltre a contenere fosforo e altri minerali migliora la struttura del suolo grazie alla sua porosità gradita ai microrganismi e alla presenza di calcio, che tampona i pH troppo acidi. È un concime poco solubile, quindi permane molto tempo nel suolo: tieni conto che questo non sarà adatto alla coltivazione di acidofile per almeno un paio d'anni. Si trova in polvere presso i consorzi agrari.

Prodotti biologici potassici

Cenere: derivata dalla combustione di legno non trattato (stufe e caminetti), è stata da sempre usata per l'integrazione di fosforo, potassio e calcio. Attenzione perché, contenendo calcio, tende a innalzare il pH del suolo e non è quindi adatta alle acidofile. Ottima per molte orticole (soprattutto pomodoro e peperone, che soffrono le carenze di calcio), si somministra in quantità non superiori a 100-150 g per mq (a meno di un pH acido), spargendola uniformemente e poi interrandola per qualche centimetro.

Concimi a base di alghe: derivati dalla lavorazione di alcune specie di alghe brune, contengono vari sali minerali e fattori di crescita. I prodotti in commercio riportano la specificità di utilizzo (coltura, tempistiche ecc.)

1.5.6. Il compost

Il compost è un terriccio di colore scuro risultante dalla lenta decomposizione (da 4 mesi a un anno) dell'insieme dei resti vegetali provenienti dal giardino e dalla cucina. È molto fertile, poiché contiene l'**humus**, la materia organica che arricchisce il terreno e ne migliora la struttura.

Si può acquistare già pronto, oppure puoi realizzarlo con le piante dell'orto che hanno esaurito il ciclo vegetativo, i residui di potatura, gli sfalci del prato, il cippato (parti legnose triturate), la frazione umida della cucina ed eventualmente la cenere del camino.

La **proporzione migliore** è costituita da due parti di "fresco" (residui vegetali e scarti da cucina) e una parte di "secco" (cippato, rami, foglie secche): il primo fornisce prevalentemente azoto, il secondo carbonio. Puoi però ottenere buoni risultati anche usando metà fresco e metà secco, anche perché il secondo, se non sminuzzato, occupa un volume maggiore rispetto alla frazione fresca.

Elementi da evitare: le foglie più coriacee (a decomposizione lenta), gli scarti della carne (attirano gli animali) e le bucce degli agrumi (usare solo quelle "non trattate", ma con moderazione perché lente a decomporsi).
Se ti è possibile, una **compostiera** è meglio di un cumulo lasciato all'aperto, in quanto protegge dalla pioggia e dagli odori. Per risparmiare tempo puoi acquistarne una; in alternativa, se ti diletti con il fai da te, in internet esistono numerosi tutorial per costruire contenitori a partire da bancali e plexiglass.

Solitamente la compostiera possiede la parte inferiore e le pareti laterali non intere: se la parte inferiore è a contatto col terreno, microrganismi e lombrichi possono accedere e completare il lavoro di decomposizione; le pareti sono invece arieggiate per consentire il contatto della massa con l'ossigeno, catalizzatore del processo di fermentazione. Le temperature si mantengono molto alte d'estate (sanificando la massa) e miti d'inverno (consentendo l'attività biologica).

In genere, si comincia a riempire il cassone con la parte secca, che funge da drenante. Poi si procede con lo scarto verde dell'orto e del giardino, di nuovo il secco, l'umido ed eventualmente piccole quantità di cenere. Un po' di terra nel mezzo faciliterà la decomposizione. In commercio esistono attivatori in polvere in grado di accelerare il processo.

Il processo dura circa **quattro mesi**: una volta al mese oppure ogni due mesi si rimescola il tutto e si controlla il grado di umidità della massa, che non deve essere eccessivamente secca né fradicia. Una volta formatosi il terriccio nero è possibile prelevarlo, da sotto o da un'apertura laterale, e spargerlo sul terreno o nelle fioriere.

1.5.7. La pacciamatura

È una pratica agricola di grande valore, che consiste nel ricoprire il terreno con materiali organici (foglie, paglia, corteccia, cippato), minerali (torba, sabbia grossolana, argilla espansa) o sintetici (carta e cartone, fogli d'alluminio, film plastici), e apporta numerosi benefici:

1. mantiene costante e alta la **temperatura** del terreno;
2. evita le perdite d'**acqua** per evaporazione;
3. protegge la **struttura** del terreno dagli agenti atmosferici;
4. inibisce la crescita delle **infestanti**;
5. favorisce l'attività dei **microrganismi** nel suolo;
6. mantiene **pulita** la coltura (specie se ricadente).

Il materiale migliore è il classico film nero (il colore nero rende costante la temperatura, anche di notte). I materiali naturali sono biodegradabili e più belli da vedere, ma attenzione al rischio di contaminanti patogeni o infestanti.

1.5.8. Diserbo

Solitamente nell'orto e nel giardino la rimozione delle piante infestanti viene eseguita **manualmente**: a mani nude, tramite coltello o erpicatore manuale (attrezzo facilmente reperibile nei garden center o nei negozi di bricolage).

In molti ambiti (per esempio nell'orto sinergico o nella permacoltura) si sta diffondendo l'abitudine di **mantenere la vegetazione spontanea** per contribuire alla biodiversità naturale, oltre che per evitare che la pianta infestante, molto rustica, reagisca al taglio diffondendosi ancora di più. In questo caso bisogna prestare attenzione alle colture appena emerse da seme.

Alcuni accorgimenti possono evitarti il ricorso ai diserbanti veri e propri:

1. **bagnare** il terreno qualche giorno prima della semina in modo da "ingannare" le infestanti che, una volta spuntate, potranno essere rastrellate;
2. usare semente **certificata**;
3. effettuare la **pacciamatura**;
4. gli **avvicendamenti**, per cui si varia di anno in anno la coltura in uno stesso appezzamento, rendono la vita difficile alle erbacce che si trovano a dover competere con piante sempre diverse;
5. il **trapianto**, rispetto alla semina, fornisce piantine già competitive nei confronti delle malerbe;
6. **evitare** gli eccessi idrici e non abusare di concimi azotati.

1.5.9. Impianto e riproduzione

Semina. Semplice da eseguire e bella per chi ama assistere a tutte le fasi della crescita, la semina è da preferire nel caso degli ortaggi da radice. Lo svantaggio è che la piantina emergente è delicata e non sufficientemente competitiva nei confronti delle infestanti.
Puoi acquistare i semi in vivaio oppure procurarteli legando un sacchettino di carta attorno ai fiori appassiti e attendendo che scarichino i semi (ricordati di segnare il nome della pianta sul sacchetto). In questo caso però il risultato non sarà uniforme come per la semente industriale. I semi si possono distribuire a spaglio (gettandoli dall'alto e poi cospargendoli di terra, ma non è il metodo più adatto a orti e giardini casalinghi), in file o in buchi, su terreno soffice e ben drenato. Ogni specie ha le sue indicazioni di profondità.

Trapianto. Il vantaggio del trapianto è che la piantina già emersa è più competitiva nei confronti della vegetazione spontanea e più resistente ai patogeni; inoltre l'apparato radicale è pronto all'assimilazione. Lo svantaggio è che la piantina passa da un ambiente protetto all'aria aperta; devi quindi fare attenzione a un eventuale stress post-trapianto: prepara e bagna il terreno in modo corretto, inserisci la piantina nella buca in modo che non subisca traumi meccanici, scegli un momento in cui non vi sia sole diretto oppure ombreggia l'appezzamento per qualche giorno.

Riproduzione vegetativa. Viene effettuata tramite parti di pianta (bulbi, polloni, foglie, rami ecc.), che consentono di ottenere esemplari esattamente uguali alla pianta madre. La scelta di questa va fatta in base al suo vigore e al suo stato di salute.

1.6. L'ABC del piccolo botanico amatoriale

La **botanica** è la scienza biologica incentrata sullo studio degli organismi vegetali, sul loro funzionamento, la loro classificazione e il rapporto con l'ecosistema e con l'uomo.

La **botanica sistematica** è quella branca di tale scienza che si occupa dell'identificazione della pianta secondo uno schema di riferimento detto "tassonomico".

Fino al Cinquecento la classificazione del regno vegetale era semplicistica, e affidata a pittoreschi erbari disegnati di cui alcuni giunti fino a noi. Andrea Cesalpino, medico e botanico del XVI secolo, fu il primo a creare una classificazione più definita basata sulla morfologia delle piante a lui conosciute, riunendole in 20 classi gerarchiche. Questo lavoro fu poi proseguito durante il secolo successivo da Giuseppe Pitton de Tournefort, botanico francese che abbandonò gli studi religiosi per dedicarsi alla sua passione: le piante. Egli costituì uno dei più ricchi erbari dell'epoca con la flora dei Pirenei, e suddivise gli organismi vegetali in base al loro portamento (erbaceo, suffruticoso o arboreo).

Ma la vera svolta si ebbe con **Linneo**, medico e botanico svedese vissuto nel XVIII secolo, padre della moderna sistematica e della nomenclatura binomia in latino. Essa esprime il genere e la specie della pianta e va scritta in corsivo, con a fianco l'abbreviazione del nome del classificatore. Esempio: *Bellis perennis* L. (margheritina dei prati); *Bellis* genere, *perennis* specie, L. abbreviazione di Linneo.

La **classificazione** moderna si basa sulla seguente gerarchia (dal sistema più grande al singolo individuo):
1. Divisione: desinenza *-phyta* (es. Magnoliophyta)
2. Classe: desinenza *-opsida* (es. Magnoliopsida)

3. Ordine: desinenza *-ales* (es. Rosales)
4. Famiglia: desinenza *-aceae* (es. Rosaceae)
5. Genere (es. *Rosa*)
6. Specie (es. *damascena*)
7. Sottospecie, varietà, forma, cultivar (es. 'Coralie').

Le varietà create nell'ambito della coltivazione si definiscono **cultivar**, e si scrivono con l'iniziale maiuscola e fra virgolette. Esempio: *Olea europaea* 'Cipressino'.
La "x", invece, indica un ibrido (cioè il prodotto della fecondazione tra due specie diverse). Esempio: *Verbascum x schiedeanum*.

Libri
Esistono numerosi saggi sul riconoscimento delle piante, ma il più esaustivo resta senza dubbio il *Flora d'Italia* di Sandro Pignatti, un'opera in quattro volumi che, attraverso chiavi dicotomiche, aiuta a determinare l'organismo vegetale a partire dai suoi caratteri morfologici. È molto specialistica e adatta a chi si vuole dedicare alla botanica in modo serio. In alternativa, in ogni libreria esistono manuali con schemi semplificati per riconoscere le piante più comuni.

Farsi un erbario
Se ti affascinano gli erbari puoi realizzarne uno casalingo. Un erbario professionale si compone di almeno una ventina di piante erbacee, prelevate con la radice e poi fissate su fogli da disegno tramite spilli infilzati in striscioline di carta. Sul foglio vengono segnati data e luogo di raccolta e la determinazione di genere, specie e famiglia; le pagine possono essere poi rilegate con nastro, spago o cinghie. In un angolo puoi creare una piccola tasca di carta per eventuali semi.
Se preferisci qualcosa di più semplice ti basta un album o un quaderno dove attaccare la pianta (o parti di pianta) anche senza radice, usando gli spilli oppure del semplice nastro

adesivo.

L'**essiccazione** migliore si effettua inserendo i campioni tra due o quattro fogli di giornale pressati. Il processo dura circa una decina di giorni e la carta va sostituita ogni giorno o due.

1.6.1. Come è fatta una pianta

Facciamo una breve premessa sulla **cellula vegetale**, che presenta alcune differenze rispetto a quella animale:

1. la parete cellulare contiene pectine e mucillagini, e lo strato più esterno è formato da cellulosa (una fibra molto resistente) e lignina;
2. i vacuoli sono vescicolette che, gonfiandosi d'acqua, determinano il turgore della pianta e immagazzinano sali e principi attivi;
3. i plastidi sono organuli contenenti pigmenti. I più importanti sono i **cloroplasti**, che, tramite la clorofilla, intercettano la luce e attivano il processo fotosintetico.

La **fotosintesi** è quella reazione tutta vegetale catalizzata dall'energia solare grazie a cui la pianta, a partire da acqua e anidride carbonica, sintetizza glucosio.

Le **radici** sono responsabili dell'assorbimento della soluzione nutritiva e dell'ancoraggio della pianta al suolo. La conformazione si definisce a fittone quando la radice primaria rimane dominante (tipica delle piante longeve e arboree, che devono possedere un apparato radicale robusto); fascicolata quando la radice primaria cessa di crescere e forma un reticolo di radici secondarie (tipico delle piante a ciclo breve come le erbacee).

Nel **fusto** sono presenti due tessuti conduttori specifici, uno per la linfa grezza (cioè la soluzione di acqua e sali che giunge dalle radici) detto vascolare, costituito da cellule morte lignificate, e uno per la linfa elaborata (la soluzione concentrata di acqua e saccarosio proveniente dalle foglie) detto cribroso. Il tessuto vascolare, unito ad altri di servizio, forma lo xilema ("legno") mentre quello cribroso forma il floema ("libro").

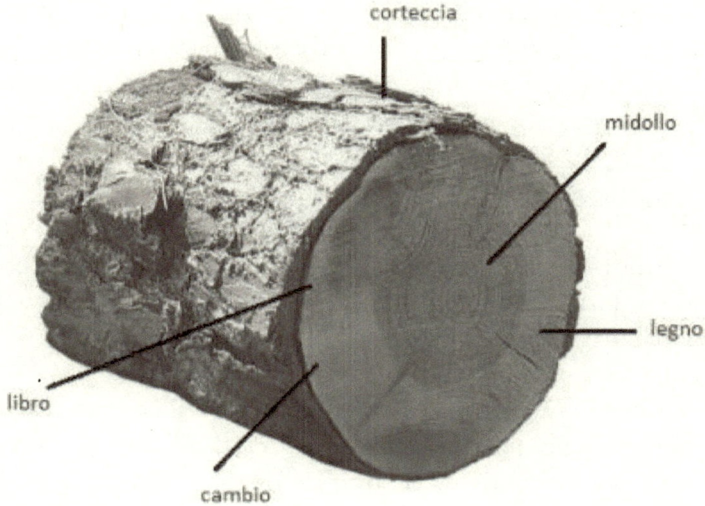

Nelle piante erbacee tali strutture sono associate; in quelle legnose sono poste a cerchi concentrici: gli "anelli" che noi contiamo in riferimento agli anni di vita di un albero sono le stagioni di produzione dello xilema; il floema invece si trova appena dietro la corteccia. Tra le due zone è presente un tessuto detto cambio che genera nuove cellule xilematiche e floematiche.

La **foglia** è l'organo deputato alla fotosintesi, ma svolge anche l'importante funzione relativa alla traspirazione (regolazione del calore e del flusso linfatico). Essa è costituita da una lamina (o lembo), con pagina superiore e inferiore solcate da visibili nervature, e da un picciolo, che la collega al fusto. Le foglie senza picciolo sono dette sessili. Si definiscono foglie semplici quelle con un picciolo per lamina, composte quelle con un picciolo per più lamine.

Per quanto riguarda la superficie fogliare, si distinguono foglie:
- glabre: prive di peluria;
- pelose: che si dividono ulteriormente in pubescenti (peluria corta e fitta), tomentose (peluria fitta, bianca e soffice), lanose (peluria lunga e morbida), irsuta (peluria rigida e pungente);
- glauche: ricoperte da una patina cerosa;
- farinose: cosparse di una fine polvere;
- vischiose: resinose, viscide.

La morfologia è davvero varia; ti consiglio a questo proposito di rifarti agli schemi presenti nei vari manuali di riconoscimento su forma, colore e margine fogliare.

Il **fiore** è l'organo necessario alla riproduzione sessuata (quella che avviene tra due individui diversi al fine di favorire il processo evolutivo). Si origina da una gemma con foglie modificate e può essere ermafrodito se presenta entrambi i caratteri maschile e femminile, unisessuale se ne possiede uno solo. In base al tipo di fiori che porta, una pianta si definisce dioica (i fiori unisessuali maschili e femminili si trovano su esemplari diversi), monoica (sullo stesso esemplare sono presenti sia i fiori femminili che quelli maschili, oppure soltanto fiori ermafroditi), poligama (sullo stesso esemplare sono presenti sia fiori ermafroditi che sessuali).

Il fiore è sorretto da un peduncolo che si dilata nel talamo (o ricettacolo). Al di sopra troviamo il calice, formato da foglioline sterili con funzione protettiva dette sepali, e la corolla, costituita dai petali che fungono da segnale per gli insetti (si parla di "funzione vessillare"). A seconda del numero di petali, il fiore si definisce dimero, trimero, tetramero, pentamero ecc. In molte piante i sepali sono colorati come la corolla: in questo caso si parla di tepali, che hanno funzione sia protettiva che vessillare.

La parte femminile è detta gineceo ed è costituita dal pistillo, il quale a sua volta si compone di un ovario contenente gli ovuli, uno stilo (tubicino attraversato dai gameti maschili) e uno stimma, ovvero il punto di approdo del polline.

L'androceo (parte maschile) è costituito dagli stami, filamenti alla cui estremità superiore si trovano le antere, cioè gli organuli in cui si forma il polline. Il granulo pollinico, che ha il compito di trasportare i gameti maschili, viene rilasciato nell'ambiente e grazie a vettori specifici (insetti, uccelli, vento, acqua) raggiunge lo stimma di un fiore della stessa specie; a questo punto si allunga nello stilo fino all'ovario dove avverrà la fecondazione. L'ovario si trasformerà in frutto (nelle angiosperme), l'ovulo fecondato in seme.

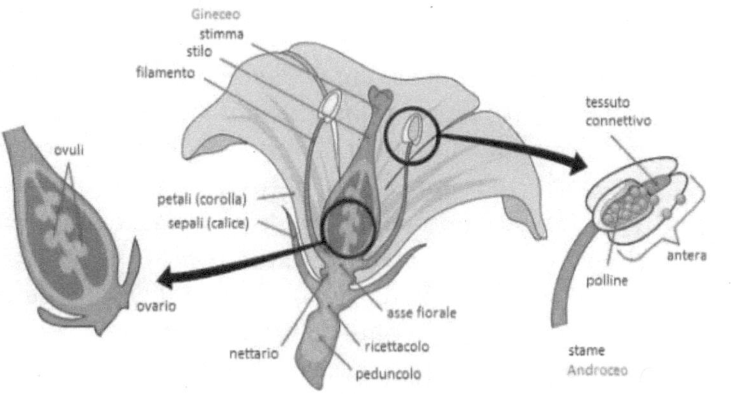

I fiori possono essere raccolti in infiorescenze di varie forme: globose, a ombrello, a spiga ecc. Un'infiorescenza particolare è quella detta a capolino, tipica delle asteracee (composite). Nella margherita, per esempio, quella che noi scambiamo per "corolla" è in realtà un raggio di fiori ligulati femminili. Ogni "petalo" di questa finta corolla è un piccolo fiore, con un unico elemento nastriforme in sostituzione dei petali. Il disco centrale giallo è invece costituito di tanti minuscoli fiori tubulosi maschili, con una corolla a tubicino e al centro le antere. La margherita fa parte delle cosiddette tubuliflore (fiori tubulosi e ligulati, oppure solo tubulosi); il tarassaco appartiene invece alle liguliflore (solo fiori ligulati).

Il **seme** è un organo quiescente in grado di sopravvivere anni prima che si verifichino le condizioni ambientali favorevoli alla germinazione. Contiene l'embrione con il suo apice meristematico (che produrrà il fusto), la radichetta e i cotiledoni (foglie embrionali contenenti sostanze di riserva). I cotiledoni possono essere uno (nelle piante dette monocotiledoni), due (nelle dicotiledoni) o divisi in numerosi setti (nelle conifere). Nei semi delle piante più evolute si trova un tessuto detto endosperma, sempre con funzione di riserva. Il tegumento è la parte esterna protettiva, permeabile all'acqua ma non digeribile dallo stomaco animale.
Il seme contiene, in proporzioni variabili a seconda della specie, proteine, grassi, zuccheri, sostanze fosforate (per la produzione di energia), enzimi, ormoni, alcaloidi ecc. Contiene inoltre dal 5 al 15% d'acqua: quando questa percentuale raggiunge il 30% l'imbibizione si blocca, gli enzimi cominciano a catalizzare reazioni, il seme diventa turgido e il tegumento si rompe, emettendo la plantula.

Il **frutto** deriva dalla trasformazione dell'ovario, e la sua funzione principale è favorire la disseminazione in un areale più ampio possibile, nonché fornire nutrimento e protezione al seme. La dispersione può avvenire tramite animali (presenza di peli e uncini, commestibilità), vento (presenza di strutture adatte al trasporto tramite correnti d'aria, come il pappo del tarassaco o le "ali" coriacee delle samare), acqua (presenza di camere d'aria che ne consentono il galleggiamento). I frutti possono essere semplici, aggregati (più frutti dallo stesso fiore) o infruttescenze (più frutti da più fiori). Il cosiddetto falso frutto è una struttura originatasi anche da parti del fiore diverse dall'ovario, per esempio:

- fragola (pseudocarpo): la parte rossa deriva dall'ingrossamento del ricettacolo, mentre i veri frutti sono i granelli gialli;
- mela, pera (pomo): la parte edibile deriva dal ricettacolo, il vero frutto è il torsolo;
- fico d'india (acrosarco): derivante da corolla e calice;
- ghianda (quercia): la cupola è originata dal calice.

I frutti semplici si dividono in:

1. secchi, in cui tutto il frutto appare legnoso e duro:
- follicolo: si apre a maturità lungo una linea di chiusura (peonia, magnolia, elleboro);
- siliqua: allungato e stretto, si apre a maturità in due valve unite a un'estremità detta rostro, e rilascia i semi retti da un setto interno, a volte scagliandoli letteralmente (crucifere);
- legume: allungato e stretto, si apre a maturità in due valve; i semi sono adesi alla linea di chiusura laterale e spesso vengono definiti impropriamente "legumi" (piselli, fagioli, lenticchie ecc.)
- capsula: più globoso, si apre lateralmente tramite setti, all'estremità superiore tramite un foro dentato oppure

attraverso piccoli pori (aloe, papavero, campanula, giglio);
- cariosside: tipica delle graminacee, è un piccolo frutto duro completamente adeso al seme interno, che non si apre a maturità;
- achenio: piccolo frutto che rimane chiuso ma non completamente aderente al seme (tarassaco, lavanda);
- nucula: frutto dal tegumento legnoso, con seme non aderente (nocciola);
- samara: provvista di ali membranose (olmo);

2. drupe, frutti con parte esterna membranosa e carnosa, mentre quella più a ridosso del seme è legnosa (albicocca, pesca);

3. bacche, cioè frutti interamente carnosi:
- esperidio: presenta una buccia colorata e ricoperta di tasche ghiandolari ricche in oli essenziali, un albedo (strato interno della buccia) bianco e membranoso contenente pectina e una polpa divisa in spicchi, succosa, ricca di zuccheri e acidi organici (agrumi);
- pomo e altri falsi frutti.

1.6.2. Come sono classificate le piante

Gli organismi vegetali più primitivi sono i muschi (**Briofite**) e le felci (**Pteridofite**): entrambi affidano la loro diffusione alle spore. Le cosiddette "piante superiori" (**Spermatofite**) si diffondono tramite semi e si distinguono in Gimnosperme e Angiosperme.

Le **Gimnosperme** sono piante che producono "seme nudo", ovvero non racchiuso in un frutto ma portato su foglie, su squame o su scudi (i coni e gli strobili tipici delle conifere). Sono di origine antica, per lo più arboree o arbustive. Una delle più ancestrali è *Cycas*, pianta tropicale simile a una piccola palma con tronco tozzo e ruvido.

Il *Ginkgo biloba* è un altro fossile vivente, dalle tipiche foglie a ventaglio che si illuminano di giallo in autunno. Tra le conifere troviamo tassi, pini, araucarie, abeti, larici, cipressi.

Nelle **Angiosperme** gli ovuli sono invece racchiusi in una struttura cava: l'ovario. Sono per lo più erbacee, ma gli alberi non mancano.
La divisione delle Angiosperme è ulteriormente ripartita in Monocotiledoni (il seme presenta al suo interno una sola fogliolina embrionale) e Dicotiledoni (il seme ha due foglioline).

Tra le **Monocotiledoni** ritroviamo molte bulbose (aglio, cipolla, colchico, amarillide, iris), le orchidee e le graminacee.

Tra le **Dicotiledoni** ricordiamo ranuncolo, platano, geranio, viola, betulla, nonché tutte le leguminose, le rose e le labiate (lavanda, timo, origano ecc.)

Test domande e risposte

Prova a rispondere a questo semplice quiz; troverai le soluzioni appena dopo l'ultima domanda.

1. Quali piante erbacee sono più semplici da utilizzare in giardino, tra annuali, biennali o perenni?
2. Che arbusto puoi usare per avere fiori gialli precoci in tardo inverno?
3. Cos'è la pacciamatura?
4. A cosa serve la vanga?
5. Cosa puoi fare per rendere l'acqua potabile più adatta alle piante?
6. Qual è il pH ottimale per le coltivazioni?
7. Quanti mesi devi aspettare, all'incirca, perché inizi la formazione di humus nel compost?
8. Cos'è lo xilema?
9. Cosa si intende per "pianta dioica"?
10. Quali sono le due drupe più conosciute?

RISPOSTE

1. Le piante perenni sono più rustiche, necessitano di meno cure colturali e hanno una durata maggiore.
2. La forsizia emette fiori gialli prima delle foglie, a fine inverno.
3. La pacciamatura è una pratica agronomica che consiste nel ricoprire il terreno con vari materiali (plastici od organici) in modo da proteggerlo, ridurre le perdite idriche, mantenere alta e costante la temperatura e contrastare le malerbe.
4. La vanga è l'attrezzo che permette di rivoltare il terreno per renderlo adatto alle radici delle piante, interrare le infestanti ed eventualmente incorporare letame o compost.
5. Lasciando l'acqua potabile a riposare per qualche ora fai in modo che cloro e calcare si depositino sul fondo, così da non nuocere al terreno e alla pianta. Inoltre l'acqua a temperatura ambiente è più tollerata rispetto a quella fredda.
6. Il pH ottimale per le colture oscilla tra 7 e 8.5; vi sono comunque piante che amano terreni acidi oppure tollerano pH più alcalini.
7. In genere l'attesa minima per la formazione dell'humus è di circa quattro mesi, ma ciò può variare in relazione alla temperatura, alla composizione del compost, alla sua umidità ecc.
8. Lo xilema (detto anche "legno") è il tessuto conduttore che trasporta la linfa grezza dalle radici al resto della pianta. Nell'albero si trova nella parte interna del tronco, appena dopo il midollo.
9. Le piante dioiche hanno fiori maschili e femminili posizionati su individui diversi.
10. Le drupe più conosciute sono albicocca e pesca, ma sono drupe anche mandorla, ciliegia, oliva, prugna...

I segreti svelati in questo capitolo

1. Il giardinaggio è un'attività multiforme che può essere condotta per vari scopi (benessere personale, autoproduzione, estetica) e apportare diversi **benefici** psicofisici. È da approcciare con umiltà e capacità di rispettare i propri limiti, accettando anche piccoli fallimenti.
2. Durante la **progettazione** preliminare di un giardino, scegli elementi che possano facilitarti il lavoro (a meno che tu abbia parecchio tempo da dedicargli): per esempio un tappeto erboso a bassa manutenzione, piante erbacee poliennali, bulbose rustiche. Contribuiscono a migliorare la godibilità visiva gli arbusti, soprattutto se colorati, le siepi anche non formali, i viali curvilinei, materiali come legno e pietra per gli arredi, pacciamature decorative.
3. La **sicurezza** prima di tutto: adatta il lavoro alle tue capacità e usa dispositivi protettivi a norma, soprattutto guanti.
4. Gli **attrezzi** più importanti da inserire nel tuo inventario sono vanga, rastrello, cesoie e macchinari tosaerba.
5. Per ottimizzare l'**irrigazione** è utile prevedere la raccolta dell'acqua piovana (almeno nelle zone meno inquinate), pacciamare il terreno e innaffiare durante le ore meno calde della giornata.
6. Il **terreno** migliore è quello definito "di medio impasto", sciolto, drenato e con un buon contenuto in sostanza organica. Puoi migliorarne la struttura aggiungendo sabbia (se il terreno è troppo compatto) o compost, e vangando in autunno o in primavera. Il pH ottimale per le colture è compreso tra 7 a 8.5 (salvo eccezioni).
7. Se ti è possibile, puoi mantenere il tuo spazio verde con il solo ausilio di compost o letame; ma se per qualche motivo il terreno dovesse scarseggiare in nutrienti, in commercio esistono **concimi** sia sintetici che biologici. Puoi anche produrti il compost da te, con una compostiera in cui accumulare gli scarti del giardino e della cucina.

8. Le **piante infestanti** si possono rimuovere anche manualmente. Per prevenirne la diffusione, è utile avvicendare le colture, pacciamare, non abusare di irrigazioni e concimazioni e bagnare il terreno qualche giorno prima della semina, in modo da estirpare subito quello che crescerà.
9. L'**impianto** si può eseguire tramite semina (più semplice) o trapianto (che permette di avere una piantina già competitiva nei confronti delle infestanti). La riproduzione può essere sessuata (prelievo dei semi da fiori e frutti) oppure vegetativa (utilizzando altre parti della pianta).
10. In **botanica** le piante superiori sono distinte in Gimnosperme, o piante dal seme nudo, e Angiosperme, cioè piante con seme protetto da un frutto, che può essere secco, carnoso (bacca) o misto (drupa).

2. GLI ORTAGGI DA FRUTTO

Dopo aver appreso le basi della coltivazione nel precedente capitolo introduttivo, iniziamo finalmente a parlare di orto. Ci sono diverse tipologie di ortaggi, quindi, andiamo subito a vederle una per una.

2.1. Cetriolo

Originaria dell'India, il cetriolo è un'erbacea annuale molto produttiva e caratterizzata da **fusti striscianti** che si aggrappano tramite filamenti detti cirri: se lo coltivi in balcone puoi farlo arrampicare su pilastri o graticci; in giardino sorreggilo tramite tutori oppure lascialo espandere orizzontalmente sul terreno. Tieni conto che in verticale i frutti maturano dritti ed è più facile controllare la crescita della pianta evitando le cimature.
Le foglie hanno dai cinque ai sette lobi e superficie pubescente. Come la zucchina, il cetriolo è una pianta **monoica** con fiori maschili e femminili. I primi sono presenti in gruppi di tre o

quattro e dotati di lungo peduncolo, i secondi sono solitari e possiedono peduncoli più corti, simili a piccoli cetrioli immaturi. La corolla è gialla e il calice ricoperto da folta peluria.

Il **frutto** lo conosciamo tutti: ricchissimo d'acqua, ha una buccia bitorzoluta di colore dal giallo al verde scuro. Contiene anche piccole quantità di olio essenziale, vitamina C e proteine. Spesso è utilizzato in centrifugati come rinfrescante e diuretico, e applicato sulla cute come antiinfiammatorio e idratante (le famose maschere al cetriolo). I semi venivano utilizzati in passato come vermifughi.

Esigenze. L'**esposizione** ideale per il cetriolo è alla luce diffusa o in penombra. Non deve ricevere il sole pieno per tutto il giorno: ombreggialo durante le ore più calde. Le **temperature** ideali di crescita sono quelle primaverili-estive, quando le notturne si attestano sopra i 15°. Teme il gelo, quindi attendi che sia trascorso il periodo delle gelate tardive.

Il **terreno** ideale è ben drenato, soffice e ricco, con pH da subacido a neutro.
È una pianta che consuma molta **acqua** (almeno due litri al giorno durante la crescita), ma soffre altresì i ristagni idrici. La peluria fogliare accumula umidità sulla foglia con il rischio di sviluppare patologie fungine: evita quindi di bagnare il fogliame.

La **pacciamatura** è consigliabile, soprattutto per il mantenimento nel terreno di temperature costanti e dell'umidità corretta (né troppa né poca); è necessaria se fai crescere la pianta sul terreno senza tutori.

Lavora il suolo a una profondità di 30-40 cm per accogliere l'apparato radicale ben sviluppato, inserisci la sostanza organica scelta (circa due chili a buca) e pianta a **distanze** di

80-100 cm interfila e 40-50 cm sulla fila. Se il terreno è povero di calcio integralo con concimi appositi o della cenere. L'impianto può avvenire per semina o per trapianto tra aprile e maggio.

Concima almeno una volta al mese con fertilizzanti ricchi in potassio.

La **raccolta** avviene da luglio ad agosto, poco prima della piena maturazione e possibilmente di sera, per ridurre lo stress provocato alla pianta. Un esemplare fornisce circa una ventina di frutti.

Propagazione. La semina in **autoproduzione**, come già spiegato per le fruttifere, dà risultati garantiti solo se la pianta non è un ibrido. Se possiedi una varietà selvatica il risultato è assicurato, a meno che il fiore non sia stato impollinato da cetrioli ibridi coltivati entro un chilometro dal tuo. Tuttavia nessuno ti vieta di recuperare il seme dalle varietà commerciali e vedere cosa succede.
Scegli un frutto di grandi dimensioni e raccoglilo quando la buccia inizia ad ammorbidirsi. Lascialo da parte per una settimana finché non raggrinzisce, poi preleva i semini bianchi e mettili in ammollo per un paio di giorni come descritto nella parte generale.

Avversità. Le **infezioni fungine** più frequenti sono dovute a peronospora e oidio. Il marciume del colletto si previene evitando i ristagni e spargendo prodotti a base di rame. È molto gradito agli afidi, alle mosche bianche e alle **lumache**. Queste ultime vengono dissuase da una pacciamatura con materiali di piccole dimensioni (segatura, paglia sminuzzata ecc.); altrimenti crea delle strie di materiale deterrente (cenere, sale, segatura, sabbia ecc.). Gli **acari** sono presenti per lo più in ambienti secchi: se coltivi la pianta in vaso riponila su un vassoio di ghiaia bagnata. Se in campo hai messo a dimora la pianta in piccoli avvallamenti che promuovono l'accumulo di acqua, è difficile che si verifichi un'infestazione; ad ogni modo questo è l'unico caso in cui puoi bagnare le foglie per rimuovere i ragnetti (solo una volta, per non rischiare patologie fungine).

Il **sapore amaro** del cetriolo può essere causato da ogni tipo di stress: termico, idrico (per esempio in piante esposte al sole e non innaffiate) e meccanico (raccolta diurna, danni alle strutture conduttrici...).

Carenze di fosforo si manifestano con necrosi del margine fogliare e di alcune parti della lamina. Una carenza di potassio fa ingiallire l'intero bordo della foglia e produce danni anche ai frutti. La carenza di magnesio è simile alla clorosi ferrica, un ingiallimento che risparmia le nervature; mentre la mancanza di ferro scolorisce totalmente la foglia, rendendola di un verde chiarissimo. Carenze di boro producono imbiancamento della lamina fogliare a partire dall'apice.

2.2. Carosello

Il carosello è una varietà di **melone** più piccolo e allungato, dal sapore a metà tra melone e cetriolo. È quindi adatto sia in insalate che in macedonie. Alcuni ritengono che sia una varietà di cetriolo e lo consumano in sua vece poiché più digeribile; in realtà appartengono a due specie diverse.

La fisionomia della pianta è molto simile a quella del cetriolo, tranne per il fatto che al posto dei fiori femminili ha **fiori ermafroditi**.

In genere il **frutto** è ovale, dalla buccia verde e striata, ma ve ne sono diverse varietà, soprattutto in Puglia, regione con una lunga tradizione di coltura a carosello. Prima della maturazione si ricoprono di folta peluria.

Coltivazione. È simile a quella del cetriolo, compreso il recupero del seme dal frutto.

La **semina** o il trapianto avvengono in suoli ben drenati e concimati a circa 70 cm di distanza. Scegli se far arrampicare la pianta o lasciarla sviluppare orizzontalmente. Se **cimi** i getti laterali ogni tanto, produrranno bei frutti di discrete dimensioni. Irriga quotidianamente.

Prosegui la **fertilizzazione** con concimi ricchi di fosforo o farina di ossa. **Proteggili** dalla pioggia battente e non irrigare le foglie, che rischiano di sviluppare malattie fungine.

Le **avversità** sono simili a quelle del cetriolo: funghi, afidi, mosche bianche, larve di lepidottero e lumache.

2.3. Pomodoro

Introdotto in Europa dal Sudamerica, in un primo momento non fu utilizzato come alimento in quanto ritenuto velenoso, sulla base di altre specie della stessa famiglia che sono per l'appunto tossiche (es. belladonna). In effetti, le parti verdi della pianta e i frutti acerbi contengono alcaloidi (**solanine**). L'Italia fu la prima ad utilizzare il pomodoro come specie edule e nella seconda metà dell'Ottocento iniziò la prima trasformazione industriale.

È una pianta erbacea con fusto decombente (necessita di **tutori**), che raggiunge lunghezza anche di 8/10 m nelle varietà originarie, a sviluppo indeterminato. In queste varietà l'emissione delle infiorescenze e dei frutti è scalare. Sono state poi create varietà per l'industria che interrompono la crescita e fruttificano in simultanea.

Le **foglie** sono composte, dal margine seghettato, pubescenti e aromatiche. L'**infiorescenza** è un grappolo giallo che spesso si autofeconda poiché reclinata su se stessa. Il **frutto** era in origine bianco, giallo e arancione; in Europa è stato poi selezionato il pomodoro a bacca rossa. Il colore rosso è attribuito al **licopene**, carotenoide al quale non era riconosciuto alcun valore nutrizionale, mentre oggi si prediligono le varietà con un maggior contenuto in questa molecola antiossidante. Altro carotenoide importante è il beta-carotene, precursore della vitamina A. La variabilità della **forma** è nota a tutti, si va da quella tondeggiante a quella squadrata per una migliore facilità di imballaggio, passando per quelle appiattite, a cuore, a pera, a ciliegia. Il tenore in **zuccheri** aumenta nel corso della maturazione; andamento opposto presenta l'acidità.

Esigenze. La minima biologica è di 10 °C mentre la **minima letale** è -2°C. Ai nostri climi questa pianta non supera l'inverno ed è **annuale** (in serra dura 12-13 mesi): quando in autunno inizia a ingiallire si rimuove per far spazio ad altre coltivazioni.

Temperature elevate (oltre i 30°C) inibiscono la sintesi di licopene, per cui la bacca non colora bene. La **temperatura ottimale** per fioritura e maturazione dei frutti si trova tra 23° e 28°C.

Le produzioni migliori si hanno in **terreni** siliceo-argillosi, con elevato tenore in sostanza organica e sufficiente presenza di calcio. I migliori sono quelli profondi, soffici e ben drenati, con pH tra 6 e 7.

All'impianto si **concima** con letame, compost o stallatico (non usare altri organici troppo azotati come la pollina). Da quando si sviluppa, almeno una volta al mese, si fornisce un concime con più o meno queste proporzioni: N1:P0.4:K1.7. Non eccedere con l'**azoto,** soprattutto prima della fruttificazione, per non favorire la vegetazione a scapito dei frutti. Un eccesso di azoto provoca anche la caduta precoce delle bacche, ritardo della maturazione, sensibilità alle patologie e acquosità del frutto. Anche il **calcio** è importante per il pomodoro: esso riduce la suscettibilità al marciume radicale e alla spaccatura dei frutti.

La **semina** avviene a marzo (fine marzo-metà aprile al nord), il trapianto a maggio e la raccolta a giugno. Tieni una **distanza** tra le file di almeno 70 cm e tra le piante di 30 cm. Se coltivi in **vaso**, scegli un contenitore con un diametro di almeno 40 cm.

Il periodo di maggiore sensibilità alla **carenza idrica** è fra l'inizio della fioritura e la maturazione delle bacche, ma in genere è una pianta tollerante, anzi, se non bagnata troppo i frutti sono più zuccherini. La completa siccità però può ridurre la fruttificazione e aumentare il rischio di marciume radicale. I **ristagni** rendono il frutto acquoso.

Pacciama sempre il terreno e **sostieni** la pianta con bastoni o canne di bambù. Un'altra operazione da effettuare su molte varietà di pomodoro è la **scacchiatura**, cioè l'eliminazione dei germoglietti laterali all'ascella delle foglie, che normalmente non fioriscono e non fruttificano (o lo fanno poco e con frutti piccoli).

All'inizio dell'estate **rincalza** il terriccio alla base della pianta, in modo da ricoprire la buca che si è creata con le innaffiature: questa operazione permette di fornire alle radici nuovo terreno e di evitare i ristagni al colletto.

Rimuovi le **foglie basali** delle varietà a grappolo che ombreggiano le bacche sottostanti e, se la pianta cresce oltre un paio di metri tagliane la **cima**, in modo che la linfa non venga risucchiata dalla parte apicale.

Propagazione. I **semi** vanno posti a germinare al caldo (tra 18° e 26°). Puoi acquistarli in bustina oppure ricavarli dai tuoi pomodori, ricordandoti che dalle varietà ibride del supermercato non otterrai frutti uguali a quelli della pianta madre. Preleva i semi dal pomodoro come indicato nella parte generale e, dopo aver sciacquato via la polpa con l'aiuto di un colino, tienili in ammollo per una settimana, filtra e lascia asciugare. Scarta i semi scuri e quelli che sono venuti a galla, che non germineranno. La semente selezionata si conserva in luogo fresco e buio, fino alla primavera successiva.
In alternativa, puoi produrre **talee** a partire dai getti che elimini durante la scacchiatura, oppure da una delle foglie composte.

Avversità. Anche se le varietà di oggi sono abbastanza resistenti, il pomodoro può subire **infezioni fungine** (ruggine, fusariosi, peronospora). La peronospora, in particolare, inizia a manifestarsi con ingiallimenti fogliari dapprima sfumati, poi sempre più evidenti, finché la foglia necrotizza. Previeni evitando ristagni idrici, eseguendo la scacchiatura e rispettando le distanze minime di coltura. Gli interventi sono risolutivi se precoci; attenzione perché rame e zolfo sono nocivi per i fiori, tratta quando sono chiusi (tarda serata). Esistono anche prodotti utilizzabili in prevenzione (es. poltiglia bordolese, sempre a base di rame).
Tra i **parassiti** animali puoi trovare afidi, *Popillia*, larve di lepidotteri e acari.
Come già detto la carenza di calcio provoca il **marciume apicale** della bacca, che annerisce all'estremità opposta all'attaccatura. Previeni evitando gli sbalzi idrici e pacciamando il terreno, e somministra un prodotto contenente calcio per evitare che il marciume si estenda su altre bacche.

Una **carenza** di **fosforo** è intuibili dalla caratteristica colorazione bluastra delle nervature della foglia e dalle successive macchie sugherose e necrotiche. Carenza di **zolfo** provoca una colorazione giallastra a partire dalle nervature centrali delle foglie più vicine al fusto. Carenze di **potassio** si manifestano con tipici ingiallimenti marcati ai margini delle foglie, che poi si estendono verso il centro. Carenze di **magnesio** provocano un giallume marcato tra le nervature, con sfumature rosse. Foglie dal caratteristico aspetto reticolato (come se fossero accentuate le nervature) possono indicare carenza di **manganese**. La carenza di **zinco** accartoccia le foglie che manifestano parti ingiallite e disseccate. Carenze di **boro** fanno ingiallire l'apice fogliare, che poi diventa rossastro e secca, mentre il frutto sviluppa una corona necrotica presso l'apice.

2.4. Zucchina

La zucchina è un'erbacea **annuale** a portamento strisciante. Le radici sono superficiali, le foglie ampie e di vario colore, con peluria pungente nella parte inferiore. I **fiori** sono grandi campanule gialle, quelli maschili hanno un peduncolo più lungo rispetto ai femminili, sotto i quali invece è possibile vedere un abbozzo di zucchina. Il **frutto** può essere allungato o sferico, di colore verde scuro, verde chiaro o giallo. La raccolta è molto precoce: i fiori sono ancora aperti e portati sull'apice del frutto. È davvero produttiva e facile da coltivare, ma anche abbastanza vorace.

Esigenze. L'**optimum termico** della pianta è tra i 15° e i 18° notturni e 25°-30° diurni; il minimo si trova a 10°.
Predilige **esposizioni** luminose (ma ombreggiate nelle zone molto calde) e **terreni** di medio impasto, ricchi, ben drenati e a pH compreso tra 5.5 e 7.5.

È una pianta che traspira molto dall'ampio fogliame, e perciò ha bisogno di un buon **apporto idrico**: irriga abbondantemente ogni due-tre sere. Il terreno deve drenare bene (la zucchina odia i ristagni) ma allo stesso tempo trattenere l'acqua: arricchiscilo di sostanza organica (e sabbia, se il terreno è troppo compatto) e avrai la **struttura** corretta. Essendo una pianta molto produttiva ha anche notevoli necessità **nutritive**: oltre alla concimazione d'impianto, somministra fertilizzante per orticole (o stallatico) ogni due settimane.

L'**impianto**, per semina o trapianto, avviene in file distanti fra loro di un metro o un metro e mezzo, con 50-100 cm circa tra una pianta e l'altra a seconda della varietà. La zolla d'impianto è meglio leggermente concava, in modo che l'acqua si accumuli e non si disperda in superficie.

Effettua poi una **pacciamatura** per ridurre il surriscaldamento estivo delle radici superficiali. Elimina di tanto in tanto le **foglie più vecchie** che stanno ingiallendo a un centimetro dal colletto. In genere i primi frutti a comparire sulla pianta sono molto piccoli, in quanto non fecondati.

La **raccolta** può avvenire già a un mese dal trapianto, quando il fiore sta per schiudersi. Raccogli preferibilmente verso sera, poiché durante il mattino i fiori sono aperti e pronti alla fecondazione. Una pianta continua a produrre anche per due o tre mesi e può dare fino a una cinquantina di frutti!

La semina può essere **scalare**, a partire dalla fine del periodo delle gelate fino ad agosto: la raccolta dura sempre due mesi, ma l'ultimo periodo è più scarso quanto più la semina è tardiva. Raccogli anche i **fiori** maschili appena si chiudono nel pomeriggio, rimuovi il calice e le antere e preparerai ottime

fritture. Non asportarli tutti, o la pianta non riuscirà ad autofecondarsi e a fruttificare. Evita quelli **femminili** perché, anche se il frutto si sta formando, rischi di raccoglierli prima che siano fecondati e non porteranno a termine la maturazione.
Propagazione. Se possiedi una varietà non ibrida puoi ottenere la stessa zucchina da **seme**. Scegli i frutti più grossi e troverai all'interno i semi con l'involucro bianco. Trattali come descritto nella parte generale (ammollo, filtraggio, essiccazione e conservazione). Al momento della semina tienili in acqua per un paio d'ore per ammorbidire il tegumento, poi interrali per circa un centimetro: la piantina emergerà in una settimana.

Avversità. Le ampie foglie di zucchina sono frequente bersaglio dell'**oidio**; parassiti animali sono invece afidi e mosche bianche.
L'**ingiallimento apicale** del frutto con arresto della maturazione può significare carenza o eccesso idrico, oppure che non è stato fecondato (magari perché abbiamo tolto tutti i fiori maschili).

2.5. Zucca

La zucca è il frutto di diverse specie e varietà di *Cucurbita*, tipico del periodo autunno-invernale e ricco in carotenoidi, vitamine (in gran parte perse durante la cottura) e zuccheri, che gli conferiscono quel sapore dolce tanto amato.

Le tre **specie** principali sono:

- *maxima*: dai frutti rotondi e schiacciati, con peduncolo cilindrico e morbido; le varietà più conosciute sono 'Marina di Chioggia' (o anche solo 'Marina'), 'Hubbard', 'Turbante';
- *moschata*: dai frutti allungati e cilindrici, con peduncolo duro e costoluto, che si allarga all'attaccatura; tipica la 'Butternut' con polpa tenera e dolce, la 'Violina' e la 'Lunga di Napoli';
- *mixta*: dal frutto allungato o tondo, con peduncolo duro e sottile; la varietà più conosciuta è 'Iron Cup'.

È una coltura vorace, che cresce molto e ha bisogno di spazio, ma ci ripaga sfamandoci per tutto l'inverno, si conserva facilmente ed è versatile in cucina.

Coltivazione. L'**optimum termico** delle zucche è compreso tra i 25° e i 35°, la temperatura minima per la crescita è 15°. L'**esposizione** migliore è in mezz'ombra.
Va bene un **terreno** generico, purché ben drenato, ricco in sostanza organica, con pH tra 6.5 e 7.5.

Ha molta **sete**, soprattutto in corrispondenza dell'ingrossamento dei frutti: irriga abbondantemente ogni tre giorni. Anche il fabbisogno in **concime** è abbastanza elevato. All'impianto fertilizza con letame, stallatico o compost, a cui puoi aggiungere qualche decina di grammi di cenere per buca in modo da garantire il giusto apporto di calcio e potassio.

Pacciama il terreno con teli impermeabili (ora esistono anche biodegradabili) in modo che i frutti non tocchino il terreno. La coltura di una zucca all'interno di un **avvicendamento** è "da rinnovo"; non dovrebbe essere coltivata nello stesso appezzamento per tre anni e non deve seguire altre cucurbitacee (zucchina, cetriolo, anguria...), ma nemmeno solanacee e fagioli.

Puoi seminare direttamente sul terreno oppure ancora meglio trapiantare, rispettando **distanze** interfila di almeno due metri e sulla fila di un metro e mezzo. Le buche devono essere profonde almeno mezzo metro e larghe 80 cm per ospitare la miscela organica che somministrerai e, successivamente, il robusto apparato radicale.

Quando la pianta ha emesso cinque o sei foglie, va **cimata** in modo da favorire l'ingrossamento delle zucche: la pianta reagisce emettendo dei getti laterali alla base che dovrai rimuovere, a meno che tu non voglia frutti dal volume più contenuto.

La **raccolta** avviene in ottobre e può risultare faticosa se le zucche prodotte ingigantiscono. Fai attenzione a non ammaccare i frutti, che potrebbero sviluppare marciumi. Si conservano fino a inizio primavera in luogo asciutto e areato, dove la polpa trasformerà l'amido in zuccheri semplici.
La zucca può essere propagata come la zucchina, e soffre delle medesime avversità.

2.6. Peperone

È una solanacea originaria del Sudamerica. L'eventuale piccantezza è conferita da un alcaloide (**capsaicina**) prodotto nei tessuti placentari: la sua concentrazione aumenta con le alte temperature.

Esigenze. La **temperatura** minima letale è sugli 0°, mentre l'ottimale di crescita è di 22°-25° durante il giorno. Temperature superiori a 25° ostacolano la fruttificazione, che si blocca a 30°. Temperature notturne inferiori ai 15° possono invece provocare, oltre alla cascola dei fiori, l'allungamento del frutto, che diventa anche più polposo, deformato e senza semi; sopra i 20° puoi invece avere frutti tozzi e poco polposi. La specie si adatta a diversi ambienti e ad un clima temperato senza sbalzi di temperatura, al riparo dal **vento** (che danneggia i rami). Predilige un ambiente **luminoso**, ma non rimuovere mai le foglie che ombreggiano i frutti, perché li proteggono dalle scottature.

Il **terreno** deve essere ben lavorato, profondo (30-40 cm), soffice, drenato, con pH 5.7-6, mai compatto e asfittico, perché il suo apparato radicale ha scarso volume e capacità di

scambio. È sensibile alla salinità.
La concimazione all'impianto si fa con letame, compost, stallatico o sovescio. È una specie **potassofila** con alte esigenze di azoto e calcio. L'azoto incrementa la resa e aumenta il tenore proteico, ma ritarda la fioritura e la fruttificazione. Le massime esigenze nutritive sono a inizio fioritura e alla maturazione dei frutti.

È esigente per quanto riguarda le **condizioni idriche** del suolo: innaffia frequentemente con modesti volumi soprattutto durante la formazione dei frutti e l'inizio della maturazione. Carenza d'acqua può indurre riduzione della superficie fogliare, cascola di fiori e frutticini, diminuzione delle dimensioni dei frutti, marciume apicale e scottature da sole.

La **semina** può essere anticipata a febbraio in semenzaio riscaldato; in campo si esegue al termine del periodo delle gelate. Ad un mese dalla semina in semenzaio si **trapiantano** piantine alte 15 cm, a distanze tra le file di 70-100 cm e tra le piante di almeno 40 cm, in piccole buche profonde 30 cm. Il trapianto si esegue di solito in maggio, quando le temperature notturne sono sufficientemente alte.

Molto sensibile alla stanchezza del terreno, il peperone non va coltivato nello stesso posto prima di 3-4 anni. Non giova di **avvicendamenti** con il cavolfiore, mentre si avvantaggia di rotazioni con leguminose. Risente dell'accumulo di escreti radicali di altre solanacee, e dei patogeni fungini tipici di ortaggi da terra come le patate.

Come altre colture richiede rincalzatura, pacciamatura, eliminazione dei germoglietti ascellari (**scacchiatura**, vedi pomodoro), cimatura oltre una certa altezza, eliminazione delle foglie che toccano il terreno. Quando il frutto, che nasce

a una diramazione, ha le dimensioni di un uovo, liberalo recidendo i rami attorno fino a lasciarne tre.
I suoi fusti vanno sostenuti con dei **tutori** a partire dalle prime fruttificazioni.

La **raccolta** si effettua a completo accrescimento dei frutti: le bacche verdi a 60-70 giorni dal trapianto, quelle colorate a 80-100. In questo ultimo caso la raccolta è ritardata e la resa minore; ma il peso dei frutti è maggiore e anche il loro contenuto in carboidrati e vitamina C.

Propagazione. Se vuoi recuperare i **semi** dei tuoi peperoni segui le istruzioni generali (ammollo, filtraggio, essiccazione e conservazione).

Avversità. **Infezioni** fungine (peronospora, ruggine...), afidi e acari.

Carenze di potassio provocano ingiallimenti a partire dalle foglie basali, su cui puoi intravedere sfumature rossastre. La presenza di zone sugherose sui frutti deve far sospettare una carenza di calcio. Un'eventuale clorosi ferrica inizia a intravedersi dalle foglie apicali.

2.7. Melanzana

Ortaggio versatile in cucina, la melanzana proviene dall'Asia ed è ormai tipica delle zone mediterranee, ma può essere coltivata anche al nord.

I suoi **frutti** contengono vitamine e acidi clorogenici ad azione epatoprotettiva, soprattutto nella buccia. Il colore **viola** è dato dalla presenza di antociani, sostanze antiossidanti color rosso-blu. Un tempo la buccia veniva usata in decotti depurativi e in impacchi antiinfiammatori per uso esterno. Vi sono anche varietà chiare e striate. Gli steli sono violacei (verdi solo nelle varietà a frutto bianco) e coperti di peli spinosi.

Possiede **foglie** ovate e dai margini ondulati, sorrette da un lungo picciolo, dalla superficie pubescente e color cenere per la presenza di peli stellati. I **fiori**, viola anch'essi (bianchi in alcune varietà) sono tubulari e portati su peduncoli reclinati.
È una pianta che ha bisogno di **spazio**, ma puoi coltivarla anche in balcone in un vaso capiente.

Esigenze. Prima di maneggiare le piantine di melanzana indossa i **guanti**: la peluria che ricopre le parti verdi può

irritare le pelli sensibili.
Il **terreno** deve essere drenato, soffice e ricco in sostanza organica, a pH tra 5.5 e 7.5 (ma la crescita migliore si ha entro pH 6, aggiungi quindi torba, stallatico o altri correttivi se necessario). Tollera abbastanza bene la salinità.

L'**esposizione** migliore è quella ben luminosa, ma può stare anche all'ombra per mezza giornata. L'**optimum termico** si situa tra i 18° e i 20°. Il minimo di crescita è di 10°, ma già sotto i 14° la pianta può rallentare la crescita. Temperature al di sopra dei 37° possono indurre la pianta in sofferenza.

La **semina** in pieno campo va fatta al termine del periodo delle gelate, ma si può anticipare a febbraio in semenzai riscaldati. Il trapianto si esegue sempre in primavera. La **distanza** interfila deve essere almeno di 70-120 cm, tra le piante di 40-60 cm; la profondità di 30 cm.

Irriga quotidianamente una volta che la pianta inizia a fruttificare; il terreno deve drenare bene in modo da non produrre ristagni a livello di colletto e radici. Carenze idriche possono compromettere la qualità dei frutti: troppo piccoli, fibrosi e dal sapore sgradevole.

La pianta richiede molto **nutrimento**, soprattutto azoto e potassio, che asporta in proporzione tre-quattro volte superiore a quella del fosforo. Effettua la solita concimazione organica dell'impianto e poi esegui uno o due fertilizzazioni al mese a partire dalla comparsa dei primi frutti.

Altri interventi utili sono la **scacchiatura** (vedi pomodoro), la **cimatura** quando la pianta sfora il metro d'altezza, la **rincalzatura** alla prima fioritura, e il **tutoraggio** delle piante di mezzo metro. La pacciamatura è sempre una pratica consigliabile.

La **raccolta** si effettua in estate appena prima della maturazione e comunque a circa tre mesi dall'impianto; ogni pianta fornisce circa cinque-sei melanzane.

Propagazione. Avviene per semina o per **trapianto**. Quest'ultimo è il metodo migliore per l'impianto in piena terra, la semina (almeno nelle regioni settentrionali) è più efficace se effettuata in semenzaio. Se vuoi autoprodurre il **seme** preleva una delle melanzane migliori e sbucciala. Tritura la polpa e procedi come descritto nella parte generale.

Avversità. Il **patogeno** più comune nelle solanacee è la peronospora, ma puoi trovare anche la muffa grigia e gli agenti del marciume basale. Si previene sempre evitando i ristagni e usando materiale di propagazione sano.
Tra gli **insetti** potresti trovare afidi e mosche bianche, tra gli aracnidi l'acaro.

2.8. Okra o Gombo

Se non hai mai assaggiato questo ortaggio, dal sapore delicato, cercalo in qualche ipermercato o nei negozi di cibi biologici e provalo in padella: è una vera squisitezza!

L'okra si presenta come un piccolo peperone verde stretto e appuntito, ma ruvido e costoluto. Si può consumare crudo e cotto, in insalate, minestre, contorni ecc. Molto usato nella cucina asiatica, slava, greca e brasiliana, si sta diffondendo anche in Europa. Contiene varie vitamine (tra cui spicca l'**acido folico**) e sali minerali. Entrambi i nomi "okra" e "gombo" sono di derivazione bantu.

Questa pianta africana è perenne nelle zone d'origine, ma coltivata come **annuale** nelle aree temperate; ha **foglie** ampie, palmate, con la zona presso il picciolo rossastra e i margini dentellati. Il suo **stelo** è utilizzato come fibra tessile dalle popolazioni locali.

Il **fiore** bianco avorio è simile a quello dell'ibisco, dell'altea o della malva, infatti l'okra appartiene alla famiglia delle malvacee: è molto decorativo e puoi usarlo per adornare il giardino.

Coltivazione. La **semina** può avvenire durante tutta la primavera a livello superficiale (circa 2-3 cm di profondità), in semenzaio protetto se abiti al nord, subito in campo se le temperature sono alte e il periodo delle gelate si è concluso. Essendo di origine tropicale, infatti, la pianta ama il **caldo** (anche quello estremo) e non tollera il gelo, quindi il substrato di semina deve stare a una temperatura di almeno 20°. I **semi** sono piccoli globuli simili alle bacche di ginepro, ma di colore bianco, poi verde cenere oppure rossiccio una volta essiccati. Se vuoi **anticipare la germinazione** lasciali in ammollo la notte prima di seminarli. Le piantine emergono dopo una o due settimane e si possono trapiantare a **distanze** di 50x50 (è anche la distanza di semina in campo) poiché tendono a diventare arbustive. Se lasciate crescere, infatti, il fusto basale lignifica.

Tollera anche terreni compatti, argillosi e aridi, ma **innaffia** quotidianamente le giovani piantine. Evita i ristagni d'acqua e **concima** con fertilizzante per orticole almeno una volta al mese.
Quattro o cinque giorni dopo la fioritura inizieranno a fruttificare. Raccogli i frutti **prima della maturazione**, quando sono ancora morbidi (circa tre o quattro giorni dopo la sfioritura); tendono infatti a lignificare col tempo e a diventare immangiabili. I frutti andrebbero consumati freschi, ma si possono anche congelare.
A metà del raccolto puoi **potare** i getti basali della pianta in modo che produca e ingrossi ulteriori frutti.
Può essere attaccata dagli **afidi**, da nematodi e da funghi, quali per esempio l'oidio.

2.9. Anguria

L'anguria possiede **fusti striscianti** lunghi anche tre o quattro metri, in grado di aggrapparsi ai supporti tramite i viticci, ma di solito viene coltivata in orizzontale per evitare che ceda sotto il peso dei frutti. È una specie che necessita di un giardino **spazioso**; forse sul terrazzo puoi tentare con qualche varietà "baby".

È una pianta **monoica** con fiori maschili e femminili, entrambi gialli: i secondi si differenziano dai primi perché, non ancora aperti, presentano un piccolo globo verde sotto la corolla, simile a un cocomero in miniatura.

Esigenze. Necessita di temperature miti ed **esposizione** luminosa, ma può stare all'ombra nelle ore più calde della giornata.

Il **terreno** deve essere soffice e sminuzzato, ricco in sostanza organica, ben drenato, non sassoso. Lavoralo a 40 cm di profondità e poi sminuzzalo con erpicatore o rastrello. Le **distanze** sulla fila devono essere di due metri, quelle interfila di almeno tre metri, ma ci sono cultivar che necessitano di più o meno spazio.

Importante è la **pacciamatura** con telo in PVC o biodegradabile, che impedisce ai frutti di entrare in contatto con il terreno. Se le temperature eccessivamente alte scaldano il telo durante le prime fasi di crescita delle piantine, evita che questo scotti le foglioline frapponendo un po' di terra o segatura.

Irriga ogni tre giorni la buca d'impianto e aumenta la frequenza durante le prime fasi di crescita e la formazione dei frutti, che bevono molto. Come sempre evita sia i ristagni sia gli sbalzi idrici (alternanza di carenza ed eccesso idrico) perché provocano spaccature nei frutti. Interrompi un paio di settimane prima della raccolta così da evitare cocomeri troppo acquosi.

Le **concimazioni** devono essere abbondanti per compensare le imponenti dimensioni del frutto, ma se hai fertilizzato all'impianto si avviano a partire dalla fruttificazione e mai prima, anche perché l'azoto ritarderebbe la fioritura. Si usa un fertilizzante bilanciato per orticole, oppure concimi organici a base di calcio, azoto e potassio, da somministrare ogni 15 giorni e fino a due settimane prima della raccolta.

La **raccolta** avviene quando la foglia e il viticcio sottostanti il frutto si seccano; la pianta produce dai quattro ai sei frutti.

Propagazione. La **semina** si può fare in campo solo al termine del periodo delle gelate (che al nord può significare anche fine aprile), meglio quindi anticiparla a marzo in semenzaio protetto.

I **semi** possono essere prelevati direttamente dal cocomero che hai acquistato, ma come già detto i frutti della tua nuova pianta non saranno identici. Lavali bene e lasciali essiccare per un paio di giorni prima di riporli in luogo fresco e asciutto fino alla primavera successiva.
Anche per il **trapianto** conviene aspettare che le temperature si siano stabilizzate.

Avversità. La pianta può essere soggetta a **virosi**: controlla la presenza di insetti vettori (i più comuni sono gli afidi) e allontanali. Tra le **infezioni fungine** ricordiamo la sclerotina, che produce marciume basale e muffa bianca sulle parti verdi, la peronospora, la muffa grigia (foglie e frutti) e l'oidio. Si trattano come tutte le infezioni fungine e si prevengono evitando i ristagni idrici.
Angurie che non crescono possono indicare una **carenza di nutrienti**, in particolare azoto.

2.10. Melone

Originario della valle del Nilo, conta tre **sottospecie**:

1. *cantalupensis*: con frutti sferici a superficie liscia;
2. *reticulatus*: con la buccia solcata da un reticolo di lenticelle sugherose;
3. *inodorus*: grandi, allungati, con polpa bianca-verdina e tegumento bianco-giallo-verde. Detti anche "meloni invernali" si conservano a lungo, anche tutto l'inverno se raccolti precocemente.

Il **frutto** contiene saccarosio, che aumenta con la maturazione, seguito da glucosio e fruttosio, sali minerali e carotenoidi.

Esigenze. Molto esigente in termini di **temperatura**, predilige valori elevati soprattutto in concomitanza con la maturazione. Le temperature ottimali vanno dai 22° ai 30°.
Vuole **terreni** profondi, sciolti, argillo-limosi, ben drenati. Tollera suoli leggermente calcarei, il pH può essere compreso fra 6 e 7.5. È mediamente sensibile alla salinità.

La **ripetizione** della coltura di melone in campo è sconsigliabile prima di tre-quattro anni se si è manifestata una fusariosi, a cui la pianta è sensibile. Meglio non coltivarlo in successione a solanacee e cucurbitacee a causa di fenomeni allelopatici. È una coltura **miglioratrice**, da rinnovo, ottima dopo colture erbacee.

L'**impianto** avviene su terreno in piano o a falde, pacciamato con teli impermeabili in modo che il frutto non stia a contatto con la terra. Puoi seminare direttamente e poi diradare la coltura, oppure trapiantare a distanze tra le file di 100-250 cm e di un metro tra le piante.

I giardinieri provetti possono effettuare **innesti** con portainnesti provenienti da cultivar selezionate di melone o di zucca, resistenti alle tracheomicosi e ai nematodi. La modalità può essere per approssimazione, incisione laterale o inserzione apicale. È sufficiente che la piantina-nesto abbia due foglie; il trapianto avviene dopo quaranta giorni

Il melone elevate **esigenze nutritive**, massime a 30-45 giorni dal trapianto. L'azoto, che la pianta fatica ad assorbire se la temperatura è troppo bassa, migliora la resa, il peso e la concentrazione zuccherina dei frutti. Il fosforo anticipa la fruttificazione e il potassio migliora colore, sapore e contenuto in vitamina C e zuccheri; inoltre rafforza le difese contro gli attacchi fungini. Il calcio aumenta la resa e la conservabilità del frutto, che è più spesso e più dolce. Il magnesio può essere poco disponibile in terreni acidi o troppo sciolti: la sua mancanza può provocare ingiallimento dell'apice fogliare.

Il melone tollera bene la siccità grazie a radici profonde e ampie e rapida chiusura degli stomi. L'**irrigazione** comunque contribuisce ad aumentare la produzione. Il periodo critico si

situa durante la fioritura e l'ingrossamento dei frutti. Un'irrigazione abbondante e frequente, però, può provocare:
- minor produzione,
- spaccature del frutto, dovute alla pressione dell'acqua,
- riduzione della concentrazione in zuccheri, vitamina C e caroteni,
- minor durata del frutto,
- maggior incidenza di fusariosi.

Interrompi gradualmente le irrigazioni due settimane prima della raccolta, quando sulla maggior parte dei meloni la buccia diventa rugosa e il colore inizia a virare.
Altri interventi sui meloni fatti crescere in verticale sono la **scacchiatura** (eliminazione dei germogli ascellari) e la **sfogliatura** (rimozione delle foglie fino a 50 cm di altezza). Per evitare che la pianta si allunghi troppo, dopo l'emissione della quarta-quinta foglia si cima, in modo che si espanda lateralmente e produca più meloni delle dimensioni corrette.
La **raccolta** avviene tre mesi dopo la semina, per 10-15 giorni. Segni di maturazione sono l'appassimento delle prime foglie sopra il frutto e il cambiamento del colore della buccia; nei retati avviene il distacco del peduncolo e la retatura è più rilevata e chiara, nei cantalupi e invernali compaiono screpolature circolari attorno al peduncolo e la peluria svanisce.

Propagazione. Tramite trapianto o **seme**.
Preleva il melone maturo, ponilo per un paio di giorni al sole e poi comportati come descritto nella parte generale (ammollo della polpa con i semi, filtraggio, essiccazione ecc.).

Avversità. Anche il melone può essere infettato da **miceti** (fusariosi, oidio, peronospora ecc.) e **virus**. Elimina prontamente gli **afidi**, che sono anche vettori di virosi.

3. GLI ORTAGGI DA FIORE E DA SEME

3.1. Carciofo

Ritenuta una sottospecie del **cardo** spontaneo, dal quale si è differenziata, il carciofo è una composita tipica del Mediterraneo e dell'Africa settentrionale. In Italia è la terza coltura orticola in termini di superfici. Il nome botanico del genere, *Cynara*, si riferisce al colore verde-cenere delle foglie pubescenti.
Ciò che si mangia è il **bocciolo fiorale**, mentre le foglie si usano in fitoterapia per i loro principi attivi amari dall'azione digestiva ed epatoprotettrice.

È una specie **poliennale** e perennante grazie ai rizomi sotterranei; può durare anche otto anni. La raccolta è autunno-invernale, mentre in estate la pianta tende ad andare

a riposo.
Il suo apparato radicale è detto **ceppaia**, poiché formato da rizomi e numerose radici avventizie. Ha quindi non solo funzione assorbente ma anche di riserva e riproduttrice.
Il **bocciolo** è formato da numerose brattee che avvolgono il capolino, con spine o inermi, di diverse forme e colori (più o meno violacee). Se lasciati sbocciare, i capolini sono di un bel violetto. La parte edule contiene carboidrati e **inulina** che contribuiscono all'aroma dolciastro, controbilanciato da tracce di sostanze amare.

Esigenze. Moderate, dal momento che **resiste bene al freddo**. La temperatura minima vitale è infatti di -7° (il rizoma sopravvive a -10° con il riposo vegetativo). La temperatura ottimale per la germinazione è di 15°-20°, per la crescita di 20°-22° di giorno e 12°-14° di notte. Soffre le **alte temperature**, e per questo va in riposo per carenza d'acqua associata alla canicola mediterranea. Una temperatura superiore ai 25° può portare ad anomalie del capolino (atrofia, brattee non sovrapposte, cuore vuoto, scadimento qualitativo e riposo vegetativo). La fioritura necessita di giorno lungo.

Preferisce **terreni** profondi (l'apparato radicale può raggiungere anche il metro di profondità), ben drenati, di medio impasto, ben lavorati per evitare i ristagni di umidità, a pH compreso tra 6.5 e 7. Tollera moderatamente la salinità e alte concentrazioni di sodio.

È una pianta **miglioratrice** (da rinnovo), ma essendo poliennale è difficile inserirla in avvicendamento. Spesso si fa seguire a pomodoro, carota e patata, che richiedono lavorazioni profonde, utili alle esigenze del carciofo.

L'**impianto** avviene con uno dei materiali descritti nella parte dedicata alla propagazione, a distanze tra le file di circa un metro, e sulle file di almeno 80 cm (è una pianta che tende ad allargarsi). Colture troppo fitte riducono le dimensioni dei boccioli.

Le **esigenze nutritive** sono elevate per l'abbondante biomassa prodotta, soprattutto durante la differenziazione dei capolini. Interra quindi due chili di letame o compost per pianta, poi prevedi un'altra bella concimazione in autunno durante la rincalzatura. Dal secondo anno puoi frazionare il compost o il concime organico, somministrando un chilo a settembre e un chilo a gennnaio, poco prima della fioritura.

Anche le **esigenze idriche** sono alte, specialmente al sud. Se irrighi regolarmente in estate la pianta non andrà a riposo e dopo cinque mesi inizierà precocemente a produrre carciofi. Il salto del riposo però accorcia di molto la durata della coltura. Importante è l'umidità del terreno in inverno: la siccità invernale anticipa la fioritura compromettendo la qualità dei carciofi, che svilupperanno un cuore fibroso e brattee legnose.

Le **infestanti** sono un problema soltanto durante i primi stadi di crescita, dopodiché la pianta compete abbastanza bene.

Altri interventi colturali importanti sono:
- la **scarducciatura**: rimozione dei carducci, i nuovi germogli che crescono attorno alla pianta vecchia se non rimossa. Si esegue tramite vanga in autunno e in primavera, risparmiando i due o quattro più sani per favorire la crescita dei boccioli fiorali. I carducci rimossi possono essere usati per la propagazione, se prelevati insieme alla maggior parte delle radici;
- la **dicioccatura**: nelle colture poliennali, in giugno, si eliminano gli steli secchi dopo che i capolini sono stati raccolti e la pianta è entrata in riposo, per favorire la nuova produzione. Il taglio è laborioso a causa della grande dimensione degli steli,

della legnosità del materiale e della necessità di tagliare lo stelo di qualche centimetro sotto il terreno, altrimenti si favorirebbero le gemme superficiali che danno carducci deboli; invece vanno stimolate anche le gemme in profondità. Per questo si esegue con la zappa. Puoi approfittare per separare dal materiale asportato gli **ovoli**, quelle parti di rizoma delle dimensioni di un piccolo uovo che emettono i nuovi getti in autunno, e che puoi usare come materiale di propagazione.
- la **rincalzatura** nel mese di novembre dopo la seconda scarducciatura, in previsione dell'inverno.

La **raccolta** avviene quando le brattee sono tenere, in genere da fine febbraio: più si ritarda la raccolta, più le brattee induriscono. I tipi precoci e rifiorenti (Catanese, Spinoso sardo, Spinoso ligure, Violetto di Provenza) si raccolgono a 3-5 mesi dal risveglio, da ottobre a maggio; le varietà tardive (Romanesco, Violetto di Toscana) dopo sette mesi dal risveglio, da marzo a maggio. Si recide lo stelo del carciofo di 10-15 cm, in modo da non toccare i rami laterali che poi svilupperanno i carciofi "di seconda". Dopo aver raccolto anche questi rimarranno i **carciofini** all'ascella delle foglie, quelli che l'industria utilizza per il sottolio (tu potrai farne ottime conserve).

<u>Propagazione.</u> I **frutticini** (acheni) sono poco utilizzati poiché danno estrema variabilità genetica. Recentemente però la tecnica è stata ripresa, perché studi realizzati in Israele e importati in Italia hanno permesso l'ottenimento di ibridi che aggirano questo problema. La semina è facile, il seme è reperibile e stoccabile in modo simile agli altri ortaggi, la produzione di un buon capolino avviene già nell'anno d'impianto e c'è meno rischio di virosi rispetto ad altri metodi.
I **carducci** sono invece i germogli che si formano alla base della pianta (simili ai polloni di altre piante) per accestimento, dotati di foglie e radici. Basta rimuoverli dal cespo e metterli a

dimora da febbraio ad aprile (o in settembre-ottobre se fai l'impianto autunnale) con le sole foglioline centrali, cimate per ridurre la traspirazione. Nella conduzione di una carciofaia è prevista già la scarducciatura. In questo caso si ha una buona produzione di capolini solo dal secondo anno.

Gli **ovoli** sono strutture quiescenti ricche di sostanze di riserva, che si formano sul rizoma durante il riposo vegetativo: li riconosci come ingrossamenti alla base della pianta. Vengono rimossi in giugno-luglio durante la dicioccatura e poi messi subito a dimora, oppure indotti a pre-germogliare in terriccio inumidito. Gli ovoli danno soddisfacenti produzioni già nell'autunno del primo anno. Se per qualsiasi motivo non puoi metterli a dimora in giardino puoi piantarli in **vaso**. Bagna costantemente e trasferisci le piante in piena terra la primavera successiva.

Altro materiale da propagazione è il **rizoma**: al momento di rimuovere l'intera ceppaia si spezzetta e se ne preleva una qualsiasi parte. Gli svantaggi di questo metodo sono l'attesa dell'espianto della ceppaia e la generazione di una coltura eterogenea.

Il metodo più semplice è però l'acquisto delle **piantine** in vivaio, che si mettono a dimora in aprile-maggio.

<u>Avversità.</u> **Infezioni fungine** possono verificarsi in caso di ristagni e colture troppo fitte, e provocano marciumi basali, macchie gialle necrotizzanti, muffa grigia (botrite, anche sui capolini), patine bianche (oidio).
Tra i **parassiti animali** i soliti afidi, larve di farfalle, minatrici fogliari.

3.2. Cavolfiore

È una specie mediterranea biennale (tranne le varietà a produzione estiva, che possono considerarsi annuali) in grado di produrre un po' ovunque grazie alle numerose **cultivar** a diversa maturazione:
- precoci: ciclo di due mesi dal trapianto,
- a media precocità: ciclo di 70-80 giorni dal trapianto,
- tardive: ciclo di 90-110 giorni dal trapianto,
- molto tardive: ciclo superiore ai 200 giorni dal trapianto (non adatto ai climi settentrionali).

Durante il **primo anno** il cavolfiore genera un fusto tozzo e semilegnoso, che porta degli abbozzi fiorali con gambi carnosi, stretti tra loro a formare la cosiddetta palla, una massa globosa bianca e rugosa in superficie: la nostra parte edule. Dalla primavera del **secondo anno** la palla si evolve in numerosi fiori gialli.

Ha **foglie** grandi, costolute e dalla superficie oleosa

impermeabile all'acqua. Esistono bellissime varietà dall'infiorescenza arancione o violetta.

Esigenze. Le **temperature ottimali** di crescita sono comprese tra i 18° e i 20°, con un minimo a 9°. Temperature troppo alte ritardano la formazione della palla e la fanno ingiallire. Basse temperature sono invece tollerate per brevi periodi. Le cultivar tardive richiedono vernalizzazione a 10° per l'induzione fiorale.
Si adatta a numerosi tipi di **suolo**, preferendo quelli a medio impasto, ben drenati, profondi, umiferi e con pH compreso tra 6 e 7. Terreni troppo **acidi** possono provocare carenza di molibdeno (micronutriente) e suscettibilità a patogeni fungini. È ottima in **successione** a pomodoro, zucchina, carota e lattuga, e per un buon avvicendamento non si coltiva nello stesso terreno per due o tre anni.

Il terreno si vanga a una **profondità di 30-40 cm** ed eventualmente si formano dei rilievi per lo scolo dell'acqua. Incorpora la sostanza organica e prevedi altri due interventi di **concimazione** a distanza di venti giorni circa l'uno. Importanti per questa pianta sono anche calcio e magnesio.

Il **trapianto** avviene da febbraio a marzo per la produzione primaverile, da maggio a giugno per quella estiva e da luglio ad agosto per quella autunnale. Mantieni distanze di 60-80 cm tra le file e 50 cm tra le piante. Nei primi dieci giorni dopo il trapianto prevedi almeno tre **irrigazioni**, poi intervieni a seconda dell'umidità del terreno. Non usare acqua troppo fredda e non bagnare nelle ore più calde della giornata.

Avversità. Il cavolfiore può essere suscettibile alle patologie, ma puoi proteggerlo evitando ristagni idrici e bagnature della parte aerea, lavorando e concimando adeguatamente il terreno, non piantando troppo fitto e rispettando gli avvicendamenti.

Tra i **patogeni fungini** frequente è la peronospora, che si manifesta con macchie gialle necrotizzanti. Si tratta il più precocemente possibile con prodotti rameici e si previene, oltre che come già detto, usando materiale di propagazione sano.

Tra i **parassiti animali** in primavera inoltrata potresti trovare larve di cavolaia (vedi i metodi di contenimento per i lepidotteri), afidi cerosi, mosche bianche e piccoli coleotteri (**altiche**) a strie gialle e nere, che compaiono durante periodi caldi e asciutti e defogliano allo stadio adulto, mentre le larve sono minatrici. Intervieni subito se trovi qualche esemplare sulle piante giovani, dove possono causare danni notevoli: rimuovi larve e adulti manualmente, tieni umido il terreno ed eventualmente tratta con piretro o altri insetticidi.
Tra le fisiopatie, frequenti sono il **fusto cavo**, dovuto a sbalzi termici con picchi elevati, abuso di azoto, carenza di boro e ristagno idrico, e la cosiddetta **"pianta cieca"**, cioè senza infiorescenze: spesso questo è dovuto alle escursioni termiche da squilibri nell'innaffiatura e, in misura minore, all'attacco di una larva di mosca.

3.3. Broccolo

Come per il cavolfiore la parte edule è costituita dall'**infiorescenza**: in questo caso è verde invece che bianca e non avvolta da foglie. Essendo una crucifera produce **principi attivi solforati** che sono alla base del suo sapore e hanno proprietà antiinfiammatorie.

Ne esistono **tre tipi** fondamentali:
- ramoso calabrese: con un'infiorescenza principale di circa dieci centimetri di diametro e altre più piccole che nascono lateralmente dopo la raccolta della prima; contiene più vitamina C delle arance, ma siccome è termolabile molta viene persa durante la cottura;
- romanesco: con un'infiorescenza conica molto grande, di un bel verde chiaro; spesso scambiato per un cavolfiore;
- di Verona: con infiorescenze bianche simili a quelle del cavolfiore, ma più leggere e meno carnose.

Esigenze. È resistente al **freddo**, ed è uno di quegli ortaggi

che puoi piantare in estate e raccogliere in autunno (in inverno al sud). Le **temperature ottimali** si aggirano intorno ai 20°, temperature eccessive ritardano la formazione dell'infiorescenza. Non ha particolari esigenze di **suolo**, ma arricchiscilo in sostanza organica e lavoralo fino a una profondità di 30-40 cm. Il pH migliore è tra 6 e 7, non troppo basso altrimenti la pianta diventa più sensibile alle malattie. Si può ripetere sullo stesso terreno all'incirca dopo tre anni e si fa **seguire** a zucchina, pomodoro, lattuga, carota. Trapianta a **distanze** di 60-80 cm tra le file e a 50 cm tra le piante.
Esegui tre **irrigazioni** nei dieci giorni successivi e poi prosegui normalmente; effettua due **concimazioni** a distanza di venti giorni l'una dall'altra.

Dopo due o quattro mesi (a seconda della varietà) potrai **raccogliere** l'infiorescenza che avrà ormai raggiunto i dieci centimetri, prima che cominci ad allentarsi.
Avvolgere il broccolo in una pellicola trasparente ne aumenta la durata di conservazione.

<u>Avversità.</u> Sono le stesse del cavolfiore: funghi, afidi, larve di cavolaia, altica. **Fisiopatie** che provocano fusti cavi o assenza dell'infiorescenza sono dovute a sbalzi termici o temperature troppo alte.

3.4. Legumi

Le leguminose sono piante appartenenti a una sottofamiglia delle fabacee, le Faboidee, caratterizzate da un **fiore** dalla forma "papilionata" (a fiocco o a farfalla) e dai semi eduli, impropriamente chiamati frutti. Il vero frutto (il **legume**) è un baccello, cioè una struttura allungata che si apre lungo due linee di sutura laterali. I **semi** contengono grandi quantità di riserve proteiche, oltre ad amido e sali minerali, e possiedono un duro tegumento che ne facilita la dormienza.

I legumi dovrebbero essere **più presenti nella nostra alimentazione**, poiché sostituiscono in parte l'elevato consumo attuale di carne e forniscono nutrienti importanti. Oltre alle proteine, contengono **fitosteroli** (attivi contro il colesterolo) e **ferro** vegetale. Per rendere il ferro dei legumi assimilabile come quello della carne, basta consumarli insieme a fonti di vitamina C. L'inserimento di questi alimenti nella dieta contribuisce a prevenire diabete, tumori e malattie cardiovascolari. Purtroppo alcuni **oligosaccaridi indigeribili** nella buccia rendono la vita difficile a chi vorrebbe consumarli regolarmente: si consiglia quindi di iniziare con piccole quantità di legumi decorticati.

Le specie appartenenti a questa sottofamiglia sono quasi tutte erbacee e tipiche di ambienti temperati.

Hanno grande **importanza economica** e agraria; vengono infatti impiegate:
- come specie da foraggio (trifoglio, erba medica...),
- come piante da sovescio (lupino),
- nell'alimentazione (lenticchia, pisello, fagiolo, cece...),
- come ornamentali (pisello odoroso, fagiolo di Spagna),
- come piante oleifere (soia, arachide),
- in erboristeria (liquirizia, soia).

La caratteristica agronomica tipica di queste piante è la **simbiosi** delle loro radici con batteri azotofissatori: essi sono in grado di fissare l'azoto molecolare dell'atmosfera in una forma facilmente assimilabile dalla pianta, che altrimenti non riuscirebbe a utilizzarlo. In cambio ricevono sostanza organica per la loro sopravvivenza. Le strutture simbiontiche si chiamano **micorrize** e si presentano come minuscoli noduli sulle radici.

Tali piante non necessitano di concimazione **azotata**, che può anzi rivelarsi nociva in quanto l'azoto dilavato finisce nelle falde alterando l'equilibrio ecologico. Se interrate arricchiscono il terreno di azoto utile per altre colture.
Sono ideali negli **avvicendamenti** orticoli dove si configurano come piante rigeneranti, in grado di sfruttare la fertilità residua ma soprattutto di ripristinarla.

Un **esempio di rotazione** efficace potrebbe essere il seguente:
1. coltura da **rinnovo/miglioratrice**: es. solanacee, che

necessitano di buona lavorazione e concimazioni abbondanti;
2. coltura di **seconda fase**: che sfrutta la fertilità residua: es. aglio e cipolla;
3. coltura **rigenerante**: che ripristina la fertilità (leguminose);
4. **sovescio**: essendo annuali, queste piante possono essere sfalciate al termine del loro ciclo, lasciate sul terreno e interrate durante le lavorazioni della coltura successiva;
5. **ripresa** del ciclo.

Chi di noi non ha mai provato, da bambino, ad assistere alla magia della germinazione di un fagiolo in un **batuffolo** imbevuto d'acqua? Coltivare i legumi non è difficile e apporta numerosi benefici, non solo alimentari ma anche agronomici. Sono adatti a terreni poveri e sono spesso piante rampicanti, quindi puoi sfruttarli in vaso e in balcone; devi solo prevedere adeguati supporti (tutori, reti, graticci ecc.).

Ecco come coltivare i legumi più importanti per la nostra alimentazione.

3.4.1. Ceci

I ceci non sono molto frequenti negli orti hobbistici poiché richiedono spazio e producono pochi semi. La pianta possiede un **apparato radicale** robusto, in grado di approfondirsi in cerca d'acqua. Le **foglie** sono simili a quelle delle robinie, composte da minuscole foglioline tonde. Il **baccello** è un po' diverso dagli altri legumi: è tondeggiante e contiene soltanto due semi. La pianta è ricoperta da una folta peluria che emette una **secrezione** ricca in acidi organici: proteggi le mani se hai la pelle molto sensibile.

L'**esposizione** migliore è in luogo luminoso; la temperatura minima di germinazione è di 10° ma attenzione alle gelate. Il terreno può essere di qualsiasi tipo, ma non troppo ricco in sostanza organica, né salino, compatto o saturo d'acqua.
Non richiede consistenti **lavorazioni** del terreno; tuttavia è bene eseguirne una superficiale. Il **seme** si pianta da marzo ad aprile (a seconda delle condizioni climatiche) a gruppi di 3-5 in buche o solchi profondi cinque centimetri, a distanze sulla fila di 25 cm e 40-70 cm interfila. Le piantine emergeranno dopo circa due-tre settimane, ma se vuoi **anticipare** la germinazione tienili in acqua quattro o cinque giorni finché non vedrai spuntare una radichetta: a questo punto potrai seminarli.
Il cece è una pianta molto tollerante all'**aridità**: puoi anche lasciare che venga irrigata dalle sole piogge; ma ovviamente prevedi qualche intervento se l'andamento stagionale è troppo siccitoso.
La **raccolta** può avvenire quando i ceci sono ancora verdi oppure quando seccano, da giugno a luglio. Ne primo caso hanno un sapore diverso, più fresco, e si possono consumare subito oppure congelare. I ceci secchi sono più teneri e farinosi dopo cottura, e si conservano a lungo in luogo asciutto e ventilato.

3.4.2. Fagioli

È una pianta annuale con **fusti volubili** che crescono anche per diversi metri avvolgendosi su ciò che trovano; vi sono però anche specie nane non rampicanti. Le **foglie** sono ovali e puntute, con un picciolo pubescente e raggruppate tre a tre. I **fiori** sono bianchi o lilla. Il **Fagiolo di Spagna** è anche una bella specie decorativa, con fiori rossi o bianchi (a volte entrambi sulla stessa pianta) che si mostrano in estate.

Si **semina** tra aprile e inizio luglio (quando le temperature superano i 14°) in un substrato riscaldato oppure in pieno campo se il clima lo consente, mettendo dai tre ai cinque semi in ogni foro a una profondità di circa 5-10 cm. Attenzione al freddo che fa marcire il seme. Il fagiolo richiede **esposizione** luminosa e al riparo dai venti.

Predilige **terreni** freschi, soffici, non troppo aridi, con pH relativamente neutro. Vanno bene anche lavorazioni brevi, purché a 30 cm di profondità. Il seme può essere seminato così com'è oppure lasciato in **ammollo** in acqua per una notte, in modo che nel terreno germini in una settimana. Le distanze sono di 50 cm tra i semi e 80 cm interfila, ma dipende dalla varietà. La semina si può fare in buche o solchi previamente fertilizzati con sostanza organica, a gruppetti di tre semi. Dopodiché innaffia se il terreno è secco, o attendi le prime piogge.

Quando la pianta ha raggiunto un'altezza di circa venti centimetri legala al **tutore** scelto, **rincalza** il terreno contro il colletto ed esegui una **pacciamatura**. A differenza del cece, il fagiolo necessita di molta **acqua** per sviluppare i baccelli e i semi: a completo sviluppo della pianta inizia a bagnare non appena il terreno si asciuga, in modo da inumidirlo senza ristagni. Un impianto a irrigazione localizzata sarebbe l'ideale

per il giusto apporto idrico.
La fioritura avviene dopo un mese dalla semina; dopodiché vedrai spuntare i baccelli, che ingrosseranno in qualche settimana passando dal verde al rosso. La **raccolta** avviene da luglio a settembre a seconda delle varietà (quelle nane consentono una raccolta scalare), quando il legume si è ammorbidito. Come per il cece, i fagioli sgusciati possono essere congelati o lasciati essiccare al sole e conservati in dispensa.

La pianta può essere attaccata dagli afidi, che provocano deformazione dei germogli, e da larve di mosche e farfalle. Per quanto riguarda le fisiopatie, è difficile che una leguminosa sviluppi **carenza d'azoto**, ma se le circostanze inibiscono la simbiosi con gli azotofissatori, le foglie assumono una colorazione verde chiaro e i margini ingialliscono. Carenze di **fosforo** possono invece dare sfumature rossastre sul fogliame; mentre quelle di **potassio** provocano necrosi circondate da aloni gialli. Carenza di **manganese** fa ingiallire la foglia tra le nervature; la mancanza di magnesio produce lo stesso sintomo con l'aggiunta di necrosi. Una carenza di **boro** provoca un tipico ingiallimento che parte dai margini e risparmia le nervature. Se invece il micronutriente è in eccesso, i piccioli ingialliscono e compaiono punteggiature nere.
La concimazione con fertilizzanti già formulati per legumi azzera il rischio di queste problematiche.

3.4.3. Fave

Il binomio fava-pecorino è conosciuto in tutto il mondo per il suo connubio di sapori agli antipodi, quello erbaceo della fava e quello piccante del pecorino.

Questa leguminosa possiede lunghe foglie composte da foglioline lanceolate. Il **fiore** è di un bel bianco avorio con il petalo inferiore striato di nero; il legume è simile al baccello dei fagiolini, ma più grassoccio. I **semi** sono piatti e verdi e possono essere consumati sia crudi in abbinamento a formaggi stagionati, sia cotti in zuppe o minestre. Non esagerare con il consumo di fave crude: i legumi crudi contengono sostanze antinutrizionali che vengono inattivate con la cottura, le **lectine**. Un solo piatto di fave crude però è assolutamente innocuo!

La pianta è resistente al **freddo** ma non al caldo eccessivo. L'**intervallo termico** va infatti da -4° a 28°; temperature superiori compromettono la fruttificazione.
Si adatta a diversi tipi di **terreno** (di medio impasto, limosi, argillosi), con pH neutro o anche leggermente alcalino. Lavoralo a circa 30 cm e poi sminuzzalo bene in modo che l'apparato radicale non incontri ostacoli.

Se vivi in zone settentrionali la **semina** si effettua tra febbraio e marzo (ma puoi anticipare in ambiente protetto), mentre al sud può iniziare in ottobre, in quanto la pianta emersa prima dell'inverno è resistente al freddo. Metti i semi in **ammollo** per una notte come gli altri legumi, per ammorbidire il tegumento e velocizzare la germinazione. A questo punto puoi seminarli subito o lasciarli in luogo caldo per un paio di giorni finché non vedrai spuntare la radichetta.

La **distanza** tra le piante è di 20-30 cm, quella interfila 60-100

cm e la profondità di semina di 5 cm. Inserisci i semi singoli, a coppie o gruppi di tre in buche o solchi, poi irriga il terreno: l'emersione avverrà in circa un paio di settimane. Anche la fava va **rincalzata** quando raggiunge altezze di circa una spanna.
Non richiede **annaffiature** abbondanti poiché cresce durante i mesi freddi; aumentane la frequenza in corrispondenza di fioritura e fruttificazione, o comunque se la primavera è eccessivamente siccitosa. Temperature molto basse associate a umidità del terreno possono compromettere l'apparato radicale. La pacciamatura è sempre consigliabile, anche per proteggere le radici dal freddo.

Non è esigente in fatto di **concimazioni**, soprattutto se si avvicenda a specie da rinnovo tipo solanacee: basta la fertilizzazione organica all'impianto.
Per stimolare ulteriormente la fruttificazione, **cima** la pianta rimuovendo il rametto apicale quando i primi baccelli alla base si sono allungati e i semi sono in formazione.

La fruttificazione avviene tra aprile e giugno a seconda dell'epoca di semina. Se vuoi la fava fresca, da consumare subito o da congelare, **raccogli** i baccelli quando iniziano ad ammorbidirsi; in alternativa attendi che si dissecchino e potrai conservare le fave in dispensa.
La pianta può essere bersaglio di afidi e funghi.

3.4.4. Lenticchie

La pianta delle lenticchie possiede foglie composte e bellissimi fiori bianchi, giallo-arancio o azzurri. Ha **steli** sottili che tendono a reclinarsi: potrebbe quindi richiedere un tutore o essere coltivata come ricadente. Il problema è che produce baccelli tozzi contenenti **soltanto due semi**, per questo non è considerata molto produttiva. I semi sono piatti e tondi, di dimensione e colore diverso a seconda della varietà. Molte sono le denominazioni protette, anche in Italia. Alcune vengono vendute già **decorticate**, le riconosci dal colore rosso o giallo. È una pianta molto antica, consumata ben prima dell'avvento dell'agricoltura.

La pianta si coltiva più o meno **come gli altri legumi**: una notte di ammollo, deposizione delle lenticchie in solchi o buche di un paio di centimetri distanziate di circa 20 cm l'una dall'altra, innaffiatura e una o due settimane per la germinazione. Come la fava, scegli l'**epoca di semina** in base alla zona in cui vivi: al nord febbraio-marzo, al sud ottobre-novembre. È una pianta abbastanza resistente alla **siccità**, quindi non necessita di innaffiature quotidiane; al contrario, troppa umidità, soprattutto durante l'inverno, le può essere nociva. Similmente alle altre leguminose si adatta a qualsiasi tipo di **terreno**, purché soffice, ben drenato e a pH attorno al neutro, lavorato brevemente a una profondità di 20-30 cm e concimato con poco fertilizzante.
La **pacciamatura** è sempre gradita, ma non durante inverni troppo piovosi, in quanto i ristagni di acqua fredda sono nocivi a livello radicale.

La **raccolta** avviene da aprile a giugno a seconda dell'epoca di semina, dopo che la pianta si è seccata.
Infezioni fungine comuni possono essere peronospora, ruggine e marciume basale, favoriti dall'eccesso idrico. Tra gli

insetti puoi trovare afidi, bruchi e coleotteri che divorano radici e foglie. Anche le lumache gradiscono questa leguminosa.

Pisello

È una rampicante (ma non nelle varietà nane) con foglie ovali e puntute, fiori bianchi e lunghi baccelli contenenti una fila di semi tondi.

L'**epoca di semina**, come per fave e lenticchie, è l'autunno nelle regioni meridionali, e febbraio-marzo in quelle settentrionali. Ad ogni modo regolati sempre in base all'andamento stagionale: se prevedi ondate di **freddo** anomalo proteggi la coltura con tunnel, serre o pacciamatura ed evita di bagnare la pianta quando fa molto freddo. Anche le **distanze** di semina sono simili.

La pianta emerge dopo circa una settimana: durante le sue prime fasi di crescita irriga solo se il periodo è particolarmente asciutto. Quando è cresciuta abbastanza, se rampicante, installa i **tutori** e guida gli steli volubili per poi lasciare che si arrampichino da sé. La fioritura avviene tra marzo e aprile e la fruttificazione inizia un paio di settimane dopo l'impollinazione. In questo periodo puoi aumentare la frequenza delle **annaffiature**.

La **raccolta** avviene quando i baccelli sono diventati belli lunghi e morbidi; il tegumento tende a indurire col tempo.

La pianta può essere assalita dagli afidi e dall'**oidio** (quest'ultimo a fruttificazione avvenuta, quindi puoi anche non trattare). Carenze di **magnesio** provocano un tipico ingiallimento che risparmia le nervature delle foglie; in carenza di **ferro** il giallume, soprattutto sulle foglie giovani, è più marcato. Carenza di **boro** può provocare malformazione e aborto del seme: potresti trovare baccelli con soli due o tre semi e per giunta deformati.

4. GLI ORTAGGI A FOGLIA

4.1. Lattuga

Il nome allude al **latice** bianco e denso che fuoriesce dai tagli, contenente principi attivi ad azione blandamente sedativa. I suoi centri d'origine sono il Medio Oriente e l'Italia per la lattuga romana. Ne esistono diverse **varietà** botaniche: 'capitata' (a cappuccio, foglie lisce: Trocadero), 'crispa' (a cappuccio, foglia riccia: Iceberg), 'longifolia' (lattuga romana, senza cappuccio), 'acefala' (lattuga da taglio, lattughino, senza cappuccio, si tagliano le foglie), 'augustana' (simile all'asparago, da stelo).

Le **foglie** sono più o meno ampie, di diverse forme e margini. Inizialmente tutte le varietà sono a rosetta; nelle varietà a cappuccio questo si forma dopo. L'**infiorescenza** è importante solo per la produzione del seme. Per le colture ordinarie la prefioritura è un inconveniente temuto, ma c'è anche predisposizione genetica: bisogna scegliere varietà

giuste e clima giusto.
È una specie biennale: il primo anno è solo vegetativo, e la pianta si presenta come una rosetta racchiusa su se stessa; il secondo anno è dedicato alla fioritura. L'infiorescenza gialla si presenta su un lungo peduncolo ramificato.

Esigenze. Le **esigenze termiche** sono modeste. Può sopravvivere anche a -5°, mentre le temperatura ottimali per la crescita sono 20°-24° di giorno e 7°-11° di notte. Temperature troppo elevate (oltre i 23°) generano dormienza. Sopra i 27° invece la pianta va in pre-fioritura e le foglie di alcune varietà diventano amarognole. La crescita fogliare è favorita da una buona **luminosità**, che migliora anche il sapore.

Si adatta a qualsiasi **terreno** purché ben drenato, pena il rischio di patologie. Predilige pH tra 6.5 e 7 e soffre a pH acidi. Il suolo dovrebbe essere già ben dotato di sostanza organica, in quanto non si prevedono concimazioni organiche per via della brevità del ciclo (due o tre mesi). La lattuga è sensibile alla **salinità** delle acque e del terreno che può farla ingiallire.

La coltura di lattuga non deve essere **ripetuta** prima di 2-3 anni poiché molto sensibile ai patogeni (soprattutto agenti di marciumi) a causa dei suoi tessuti acquosi. Può essere inserita in rotazione con carota, spinacio e patata. I semi di lattuga faticano a germinare in presenza di radici di asparago, pomodoro e cetriolo (**allelopatia negativa**).

L'**impianto** avviene in primavera con una distanza interfila di 40 cm e di 25 cm tra le piante.
È una specie vorace di **potassio** e in minor misura di azoto, che da un lato incrementa la produzione, dall'altro può dare problemi di accumulo dei nitrati. Il 70% dei nutrienti somministrati sono assorbiti nei trenta giorni antecedenti la

raccolta, perciò non eccedere con l'**azoto** in tale periodo. Richiede inoltre buona disponibilità di **calcio**, che previene necrosi ai margini fogliari, e di **magnesio**. La concimazione organica può essere utile, ma va effettuata con anticipo rispetto al trapianto (il campo dovrebbe esserne già dotato).
Mantieni l'**umidità** del terreno elevata e costante per tutto il ciclo colturale, con maggior attenzione durante la formazione del cappuccio. Teme molto i ristagni.
La **raccolta** avviene dopo 30-35 giorni in colture trapiantate, e dopo 40-100 giorni in colture seminate.

Propagazione. **Semina** diretta: è più semplice ed economica, ma il seme tende a entrare in dormienza subito dopo la raccolta. Lascialo in ammollo in acqua per qualche giorno, poi seminalo in un substrato caldo e umido. Dopo la semina è necessario il diradamento delle foglie fino a lasciarne circa quattro.

Trapianto: viene effettuato con piantine di venti giorni che hanno 3-5 foglie, senza interrare il colletto per favorire la formazione del cappuccio ed evitare malattie. I cubi di torba che ospitano le piantine vengono semplicemente appoggiati al terreno. Al nord il trapianto si esegue in marzo-aprile o luglio-settembre; al sud in ottobre-novembre Le distanze (al trapianto e dopo diradamento da semina diretta) devono essere di 35-50 cm sulle file e 20-30 cm sulla fila.

Avversità. La lattuga può essere soggetta a **infezioni** fungine (oidio, ruggine, antracnosi...), batteriche e da virus. Parassiti **animali** sono afidi e lumache, ghiotte da sempre di foglie verdi.
Una **carenza** di calcio fa arrotolare i margini delle foglioline che diventano necrotici. La carenza di magnesio si manifesta invece con un giallume che parte dai bordi fogliari e s'insinua tra le nervature. Diversa è la clorosi ferrica che invece si vede

uniformemente su tutta la foglia. Carenze di boro disseccano gli apici e i margini della foglia. Il molibdeno è un altro microelemento poco conosciuto ma, se carente, la pianta si ricopre di macchioline traslucide.
In suoli **molto acidi** il manganese può raggiungere livelli tossici, tali da provocare nelle foglie ingiallimenti marginali.

4.2. Indivia

L'indivia è sostanzialmente una cicoria riccia. I due **tipi** principali sono:
- Pancalieri: da raccolta autunnale, produce un cespo grosso con cuore pieno e foglie sottili e corte;
- Vallone: da raccolta invernale poiché resistente al freddo, con foglie lunghe e crespate.

Esigenze. Più sensibile al **freddo** rispetto alla scarola, è comunque più resistente della lattuga. Il suo accrescimento è piuttosto lento. Le cultivar invernali vanno **seminate** a fine estate: con una semina troppo precoce non sviluppano bene la rosetta fogliare e vanno subito a seme. Quelle estive sono invece influenzate dalle temperature: se troppo basse (4-5°) possono anticipare la fioritura a scapito della vegetazione.

Il **terreno** deve essere sciolto, organico e a pH neutro o leggermente basico. Puoi anche coltivarla su un terreno argilloso, purché ben drenato: a questo scopo semina su falde o ricopri i solchi dove andrai a impiantare con un fondo drenante.

Lavora il terreno a una profondità di circa 30 cm così da accogliere il fittone sviluppato, e sminuzza bene il terreno con il rastrello. Concima e irriga se il terreno ti sembra troppo asciutto. Puoi **seminare** direttamente (da luglio a settembre a seconda della zona e della varietà) o trapiantare in file distanti fra loro 40-50 cm. Dopo la semina rulla o spiana il terreno per una miglior aderenza del seme. La pacciamatura è molto utile a queste piante.

Se vuoi ottenere il **"cuore bianco"** ti basterà legare il cespo con un elastico per circa una settimana.

Quando i cespi sono ben sviluppati e il cuore schiarisce puoi **raccoglierli** recidendo al colletto e rimuovendo le foglie vecchie.

Avversità. Funghi (oidio, peronospora, muffa grigia), afidi, mosche bianche, larve di farfalle e lumache.

4.3. Radicchio

Il termine radicchio indica propriamente le **cicorie rosse**. I più coltivati sono i Rossi di Chioggia, Verona e Treviso e il Variegato di Castelfranco.
La pianta possiede una **radice fittonante** in grado di accumulare sostanze di riserva e permetterle di durare anni.

Esigenze. Pianta molto adattabile, può addirittura tollerare il gelo nelle varietà tardive. Il **freddo** ne migliora le qualità organolettiche, ma meglio non esagerare. L'intervallo di crescita è tra i 6° e i 20°.

Il **terreno** migliore è quello ben drenato, ricco in sostanza organica, ben lavorato, fine e con pH tra 6 e 7.
Gelo, stress idrici ed eccessi o carenze nutrizionali possono mandare la pianta in pre-fioritura compromettendo la parte vegetativa. Usa **concimi** bilanciati in azoto, fosforo e potassio durante la vegetazione della pianta, e **innaffiala** quotidianamente con volumi moderati evitando l'aspersione

delle foglie.

L'**impianto** avviene tramite semina o trapianto, a una distanza interfila di 45-50 cm e di 30 cm tra le piante. In giardino lavora il terreno a una profondità di circa 30 cm e sminuzzalo bene in un secondo passaggio con il rastrello, poi incorpora la sostanza organica e spianalo. Irriga subito e dopo la semina spiana di nuovo il terreno in modo che il seme sia ben coperto. Quando le piante iniziano a formare i cespi si **rincalza** il terreno contro il colletto. La rincalzatura si effettua anche dopo aver estirpato i primi cespi.

La **raccolta** avviene quando le foglie centrali, ben compattate, hanno assunto un bel colore rosso. Recidi a un paio di centimetri sotto il colletto e rimuovi le foglie più esterne. La radice emetterà un altro cespo qualche settimana dopo, e così via per altre tre volte.

<u>Propagazione.</u> Puoi **seminare** direttamente in campo (luglio) oppure, se le condizioni climatiche non lo permettono o vuoi anticipare la produzione, in semenzaio mantenuto a 28°-30° fino all'emergenza della piantina. Riduci poi gradualmente la temperatura per le tre settimane successive, fino a quella che troverà in campo.
Il **trapianto** avviene con piantine di 4-5 foglie.

<u>Avversità.</u> Le **infezioni fungine** (oidio, botrite e peronospora) sono frequenti a temperature miti e in presenza di elevata umidità o ristagni. Tra i **parassiti animali** puoi trovare afidi, larve di lepidotteri, mosca bianca e lumache.

4.4. Porro

Il porro appartiene al genere dell'aglio ma, invece che un bulbo, esso sviluppa una **guaina** carnosa di foglie che costituisce la parte edule e che viene imbiancata durante la coltivazione mediante rincalzatura del terreno.

Ha un **sapore** più delicato e aromatico rispetto alla cipolla, e viene utilizzato alla stessa maniera. È un ortaggio a raccolta autunno-vernina e ne esistono parecchie varietà "giganti" o "lunghe".

Le **foglie** sono lunghi nastri color verde scuro appressati alla base. Il vero **fusto** è in realtà un piccolo disco da cui si diparte la guaina fogliare. Durante il secondo anno di vita, in primavera, si sviluppa uno stelo con un globo di brattee bianche che poi si aprono lasciando emergere una bellissima sfera di **fiori** lilla.

Esigenze. Il porro è un ottimo ortaggio da clima **temperato** e può essere coltivato da nord a sud (esistono varietà

diversamente adattabili) ma non in suoli salini. Il **terreno** deve essere ben drenato, soffice, di medio impasto e con un pH da neutro a subacido. La profondità della lavorazione preliminare, con integrazione di sostanza organica, è di circa 40 cm.
Il porro può essere **seminato** a marzo o trapiantato tra marzo e aprile; al nord meglio dopo le gelate invernali. I semini si posano a gruppi di tre per foro; le **distanze** sono di circa 20 cm sulla fila e 30 interfila.
Quando le piante si saranno sviluppate per bene **rincalza** il terreno contro la base e ripeti questa operazione un altro paio di volte quando vedi spuntare il colore bianco dal terreno. L'imbiancatura rende tenera e dolce la guaina che andrai a mangiare.
Durante la coltura **concima** circa una volta al mese con fertilizzante completo per ortive. Le irrigazioni devono essere frequenti durante la bella stagione. Riduci o sospendi d'inverno: i porri sono molto rustici e possono essere lasciati nel terreno durante la stagione fredda per essere raccolti al bisogno.
In genere la **raccolta** si esegue a quattro mesi dal trapianto e sei dalla semina, quando la guaina ha raggiunto i tre centimetri di diametro. Nessuno però ti vieta di raccogliere porri più piccoli. Rimuovi le radici e la parte superiore delle foglie: in questo modo potrai conservarli in frigorifero anche tre o quattro mesi. Ciò che userai sarà però solamente la parte bianca.

Propagazione. Per **autoprodurre** i semi lascia che qualche pianta vada a fiore. Una volta seccato recidilo e scrollalo in una vaschetta, sfregando i frutticini con le dita in modo che rilascino i quattro semi racchiusi all'interno. Un unico fiore produce centinaia di semi. Puoi seminarli così come sono a spaglio o a gruppi di tre per foro.

Avversità. Tra le **infezioni fungine** il porro può essere

soggetto a fusariosi, peronospora e ruggine.
Tra i **parassiti animali** potresti trovare tripidi, larve di lepidotteri e di mosche. La **tignola del porro** è una farfallina grigiastra con le ali macchiate di bianco. Le sue larve, gialle e puntinate di nero, compiono danni da luglio ad agosto scavando gallerie e solchi nelle foglie. Piante di carota o di sedano nelle vicinanze possono fungere da deterrente per questa farfalla. Rimuovi comunque eventuali uova o larve, a mano o lavando la pianta con un getto d'acqua. In caso di forte infestazione valuta trattamenti con *Bacillus thuringiensis*.

4.5 Borragine

Questa pianta annuale carnosa e pubescente, dai tipici fiori blu reclinati, era molto usata in passato in tisane emollienti, espettoranti e depurative, prima di scoprire che conteneva **alcaloidi** epatotossici. Nessun problema per il consumo alimentare; magari non è il caso di mangiarla tutti i giorni. Sono invece utilizzati in erboristeria i suoi semi per produrre un **olio** dall'azione antiinfiammatoria e antiallergica. Le foglie possono essere usate come **lenitivo cutaneo** e per sciacqui orali.

La borragine è **spontanea** in Italia dal mare alle zone submontane, non soltanto negli incolti ma anche a ridosso dei campi coltivati. Dal sapore di cetriolo si consuma **cotta**, per eliminarne la peluria, in minestroni, ripieni, contorni, frittate ecc.; mentre le foglie giovani e i **fiori** privati delle parti verdi possono essere mangiati crudi in insalata. Se vuoi riscoprire questa pianta molto decorativa dedicale un angolo dell'orto o del giardino: è poco esigente e ti ricompenserà con un profluvio di fiori azzurri, che **attraggono le api** e favoriscono l'impollinazione dei tuoi ortaggi.

Coltivazione. Anzitutto ti consiglio di maneggiarla con i **guanti**, per evitare il fastidio dovuto alla peluria.
Adatta a ogni areale, puoi seminarla direttamente o trapiantare piantine di vivaio a distanze di 15-20 cm tra l'una e l'altra, da marzo a giugno a seconda del clima. Gradisce **esposizione** sia luminosa che in penombra. Nel primo caso dovrai **annaffiare** di più, ma è comunque una pianta tollerante nei confronti della siccità. È annuale, ma se lasci qualche fiore sulla pianta **si disseminerà** da sola tutt'intorno, quindi non avrai nemmeno bisogno di acquistare altra semente o fare talee.

La **raccolta** delle foglie avviene da aprile a giugno in prefioritura. Se vuoi usare la pianta per fare impacchi recidila a 5-10 cm dal terreno e lasciala **essiccare** in strati sottili all'ombra in luogo ventilato, oppure in mazzetti appesi. Conserva le parti verdi in sacchetti di carta, i fiori in barattolini di vetro riposti al buio. Potrai usarla per le punture di zanzare, le irritazioni cutanee o le infiammazioni della bocca mettendo in infusione un cucchiaio di erba secca in 100 ml d'acqua bollente per una decina di minuti. Dopo aver filtrato l'infuso puoi impregnarvi un panno o del cotone per fare **impacchi** sulla pelle oppure usarlo così com'è al posto del **collutorio** una volta raffreddato. In passato le nostre nonne ne mettevano una manciata nell'acqua del **bagno** quando avevano la pelle irritata.

4.6. Spinacio

Pianta annuale, ha **fogliame** allungato e ovato con la punta triangolare. Alcune varietà hanno foglie dalla superficie liscia ('Cherokee', 'Ventus'), altre raggrinzita ('Melody', 'Allegro', 'Rock'). L'increspatura è tanto maggiore quanto più bassa è la temperatura in coltura.

Non è vero che gli spinaci contengono più **ferro** di altri ortaggi (i legumi per esempio ne sono più ricchi); inoltre esso è meno assimilabile rispetto a quello animale. Puoi però favorirne l'assorbimento tramite il concomitante consumo di alimenti contenenti vitamina C (frutta, succo di limone ecc.). Comunque la pianta è ben fornita di fibre e minerali.
Tieni conto che lo spinacio è parecchio produttivo, ma si restringe molto in cottura: perciò, se lo coltivi in balcone devi prevedere uno **spazio** piuttosto ampio (almeno 3-4 mq). Il surplus può essere tranquillamente congelato.

Esigenze. È una pianta abbastanza resistente al **freddo**, non necessita di copertura se non in zone settentrionali particolarmente fredde. La copertura può essere costituita da un semplice telo posto a bauletto sulla coltura. Temperature molto alte possono invece anticipare la fioritura a scapito della vegetazione.

Il periodo migliore per la **semina** è da febbraio ad aprile, da ottobre a novembre oppure a fine estate dopo lo sfalcio di altre colture, ad esempio solanacee. In **rotazione** infatti si può utilizzare come coltura di seconda fase per sfruttare i nutrienti residui e arricchire il terreno. Le temperature ottimali per la germinazione sono attorno ai 20°, mentre dai 24° la interrompono.

Puoi anche prevedere una **semina scalare**: dopo circa due settimane dalla prima semina effettua una seconda semina in un altro appezzamento, in modo da avere piante disponibili per un secondo sfalcio di lì a poco. La semina può avvenire a **spaglio** o in solchi distanti fra loro di circa 15 cm, da ricoprire con uno straterello di terriccio che va poi compattato. Non preoccuparti dello spazio tra una pianta e l'altra: diraderai la coltura quando sarà cresciuta, usando questo "scarto" come baby-leaf da consumare cotto oppure in insalata.

La **concimazione** può essere limitata all'impianto, essendo un ortaggio a ciclo breve (due mesi). Inoltre le concimazioni azotate possono provocare accumulo di nitrati negli ortaggi a foglia verde.
Dopo la semina prevedi un'**irrigazione** ad aspersione molto leggera, poiché i semi sono minuscoli e rischiano di spostarsi; in seguito innaffia regolarmente in modo da mantenere il terreno umido, ma mai saturo. Se prevedi andamenti stagionali piovosi semina lo spinacio su rialzi in modo da far sgrondare l'acqua in eccesso.

Il **terreno** ideale è soffice, ben drenato e lavorato a una profondità di circa 25 cm. L'**esposizione** migliore è luminosa ma ombreggiata almeno nelle ore più calde.

Puoi **raccogliere** le foglie più grosse a due settimane dalla semina; il cespo intero invece si estirpa quando la pianta è ben sviluppata, a circa un mese-un mese e mezzo dalla semina.

Propagazione. L'autoproduzione del seme è abbastanza ostica, perché lo spinacio è pianta **dioica** e possiede fiori femminili e maschili su piante diverse.

Avversità. Può essere attaccato da funghi (peronospora, ruggine), afidi, larve di lepidotteri, lumache, acari. Eliminando i ristagni idrici ed evitando le concimazioni azotate si prevengono gran parte di questi parassiti.

4.7. Rucola

La rucola è una crucifera: contiene le **sostanze solforate** tipiche della famiglia, che le conferiscono l'aroma piccante. Originaria del Mediterraneo, era già apprezzata ai tempi dei romani.
Mentre la rucola selvatica è perenne e possiede lunghi piccioli, quella coltivata è annuale e ha piccioli raccorciati. Le **foglie** sono lunghe anche venti centimetri, lobate e frastagliate,

riunite in una rosetta. I **fiorellini**, come in tutte le crucifere, hanno quattro petali disposti a croce e sono gialli o bianchi; i frutti sono piccoli baccelli ricchi di semi scuri.

Esigenze. Adattabile a molti tipi di **suolo**, preferisce però quelli soffici e sabbiosi. Necessita inoltre di **irrigazioni** abbondanti quando non piove. Non è esigente in fatto di esposizione, ma è sensibile al **vento**.

Puoi **seminare** a spaglio o su file distanti fra loro 10-15 cm, a circa un centimetro di profondità. Se hai una struttura protetta puoi farlo in autunno e raccogliere tutto l'anno. La pianta germina abbastanza velocemente, entro una settimana, e dopo un mese è già pronta per essere **raccolta**. Se le condizioni non sono ottimali la crescita è più lenta e può durare anche tre mesi. Dopo il primo raccolto la pianta rispunta ed è pronta per un nuovo taglio da due settimane a un mese dopo. Recidi lo stelo fiorale in modo che le sue energia convergano sulla vegetazione anziché sulla riproduzione.

Propagazione. Per talea o per semina. Puoi acquistare i **semi** in bustina oppure attendere che la pianta fruttifichi. Quando i baccelli seccano raccoglili, sminuzzali e setaccia i semi. Conservali in ambiente asciutto fino alla semina che potrai eseguire dalla primavera all'autunno in campo, e dall'autunno in poi in serra.

Avversità. Come tutti gli ortaggi da foglia può essere infettata da peronospora e **ruggine** (quest'ultima produce particolari vescicolette bianche sulla pagina inferiore della lamina).

4.8. Catalogna

La catalogna è un ortaggio da foglia appartenente al genere delle **cicorie**, caratterizzata dal sapore amarognolo. Da una varietà di catalogna si ottengono le **puntarelle**, germogli carnosi e saporiti molto ricercati per contorni e condimenti. Allo stato **spontaneo** è una pianta perenne che cresce negli incolti dalle zone litoranee a quelle montane, dotata di rizoma e di lunga radice. La **radice** di cicoria è impiegata per la bevanda del momento: il caffè di cicoria, dal sapore simile all'orzata e le presunte proprietà depurative. Un tempo era presente in erboristeria sotto forma di taglio da decotto. La pianta ha un portamento cespitoso ma verticale, con fusti carnosi e ritti e **foglie** simili a quelle del tarassaco (appartengono infatti alla stessa famiglia, quella delle composite). I fiori sono capolini con molte ligule color azzurro-lilla.

Esigenze. L'**esposizione** richiesta è in piena luce, mentre si adatta a ogni tipo di terreno. Puoi considerarla una coltura di

seconda fase, successiva a solanacee e ad altre migliorative, poiché si accontenta di quello che rimane nel suolo. Sono piante che crescono in verticale, perciò puoi impiantarle a **distanze** di 10-15 cm l'una dall'altra e di 20-30 cm tra le file.

La **semina** avviene da maggio a settembre in campo o in semenzaio. In quest'ultimo caso trapianterai dopo un mese. Per sfruttare il raccolto invernale e lasciare spazio alle colture prettamente estive si preferisce seminare in autunno, soprattutto al sud, dove le temperature estive possono danneggiare la pianta e mandarla a seme. **Innaffia** regolarmente evitando sia la siccità sia i ristagni idrici, entrambi dannosi per le colture da foglia. Pacciama il terreno soprattutto durante la coltivazione invernale.

La **raccolta** avviene dopo circa due o tre mesi (da settembre in poi, a seconda di quando l'hai seminata), recidendo la pianta a due centimetri dal colletto in modo che ricacci successivamente.

Propagazione. Per prelevare il **seme** dalla catalogna manda a fiore alcune delle tue piante e lascia seccare lo stelo fiorale. Immergilo poi in acqua per una notte, lascialo asciugare per qualche ora e dopodiché percuotilo con una bacchetta in modo che i semi si separino dai frutticini. Conservali in modo opportuno fino al momento della semina.

Avversità. Le più importanti sono le infezioni fungine come l'**oidio** e le **lumache**.

4.9. Cavolo

Parliamo qui del cavolo **cappuccio**, una sfera di foglie che può arrivare a pesare cinque chili ed è ben conosciuta in cucina, sia cruda che cotta. Come già detto per il broccolo, il contenuto in **glicosidi solforati** conferisce quella nota aromatica tanto amata e una lieve attività antiinfiammatoria e antiossidante. Inoltre, si conserva per mesi in frigorifero, rendendolo molto apprezzato malgrado l'enorme mole.
Ne esistono parecchie varietà di forme diverse e **colori** che vanno dal verde al viola. Il ciclo può durare dai 60 ai 140 giorni.

<u>Esigenze.</u> Pianta da clima temperato, tollera il **freddo** (la minima di crescita è di 5°) ma non il gelo. Le temperature ottimali vanno dai 15° ai 18°.

Lavora il terreno a una profondità di circa 30 cm e incorpora la sostanza organica scelta. Dopodiché **impianta** a distanze di 50-70 cm interfila e 40-60 cm sulla fila. Le **irrigazioni** devono essere regolari e moderate, sia per evitare dannosi ristagni sia perché gli sbalzi (periodi di siccità seguiti a un eccesso idrico) possono provocare spaccature nel globo vegetativo. Anche l'abuso di concimazioni azotate può dare questo problema.

Avversità. Patologie fungine, afidi, e altica. È molto gradito alle larve dei lepidotteri, in special modo la **cavolaia**, farfalla bianca che sceglie il cavolo come substrato per deporre.
Le piantine appena nate possono essere soggette a carenza d'**azoto**: in tal caso vedrai le foglie ingiallire.
Carenza di **potassio** provoca necrosi marginali, mentre in carenza di calcio il centro o il bordo della foglia vanno incontro al disfacimento.

4.10. Bietola

La bietola è una varietà di **barbabietola** di cui si consuma la foglia. Le bietole da foglia sono chiamate anche "**erbette**", quelle da costa sono appunto le "**coste**", e presentano un fusto più carnoso. Tra queste ultime vi sono varietà a gambo bianco, rosso o giallo, molto ornamentali.

Esigenze. Le bietole sono ortaggi di facile coltivazione, poiché si adattano bene a diverse esposizioni e terreni. Puoi **seminare** in campo da fine inverno all'autunno inoltrato, a spaglio, a buche o a solchi; se vivi al nord è meglio limitare semina e trapianto ai mesi più caldi. Tieni conto che la pianta è pronta per il trasferimento dopo circa un mese.

Il **trapianto** avviene a distanze di circa 30x30 cm (i fusti tendono a ingrossare molto), e dopo due o tre mesi puoi **raccogliere** l'intero cespo recidendolo alla base o prelevare solo le foglie più grandi. Non aspettare troppo, altrimenti la pianta fiorirà e i fusti induriranno.

Una volta reciso il cespo alla base, il colletto rimasto in campo continuerà a emettere **ricacci**: se lo abbandoni durante l'inverno ricaccerà la primavera successiva. Con l'andare del tempo la base del fusto ingrosserà e lignificherà. Ogni tanto rinnova l'appezzamento estirpando tutti i ceppi con relative radici.
Richiede **irrigazioni** frequenti e costanti, possibilmente non sopra le foglie. Non necessita di concimazioni aggiuntive a quella d'impianto, salvo condizioni particolari.

Propagazione. Puoi acquistare le piantine già pronte o i semi in bustina. In alternativa lascia che alcune piante vadano a fiore e, quando lo stelo fiorale secca completamente in autunno, raccoglilo e scrolla i **semi** in una bustina, dove li conserverai in attesa del momento opportuno per la semina.

Avversità. Le bietole sono gradite agli **afidi** e possono subire attacchi **fungini**, soprattutto se innaffiate sulle foglie o coltivate su un substrato saturo d'acqua.

5. GLI ORTAGGI DA FUSTO

5.1. Sedano

Pianta **biennale** nella forma selvatica, in coltivazione è spesso trattata come annuale. La parte edule è costituita dal fusto carnoso e molto aromatico.

Esigenze. Il sedano richiede **esposizione** luminosa, ma possibilmente ombreggiata durante le ore più calde dell'estate. Le **temperature** ottimali sono quelle primaverili-estive: esse consentono un buon raccolto.

La **semina** o il trapianto avvengono da marzo a giugno, a seconda della zona geografica e del pericolo di gelate, a una distanza sulle file di circa 20 cm e tra le file di 30 cm. La profondità di semina è di circa due centimetri. La pacciamatura protegge dalle infestanti e dai parassiti che risalgono dal terreno.

Necessita di **irrigazioni** almeno una volta a settimana (puoi

variare la frequenza a seconda dell'umidità nel terreno) e di concimazioni una volta al mese oltre a quella organica dell'impianto. Scegli concimi formulati per ortive oppure spargi dello stallatico o altri concimi organici.
Dopo un paio di settimane **rincalza** il terreno per far irrobustire e imbiancare il fusto, come avviene per il finocchio.
La **raccolta** parte dall'autunno; se la tua piantagione è scalare proteggila dai rigori invernali tramite serra o tunnel.

Propagazione. I frutti, piccoli acheni contenenti i **semi**, si raccolgono tra agosto e settembre recidendo le infiorescenze, mettendole a seccare e scrollandole. Può essere propagato anche per talea.

Avversità. L'elevata umidità può favorire la comparsa di patologie fungine, tra cui la **ticchiolatura** delle radici. Osserva la giusta rotazione della coltura (non ricoltivarla nello stesso luogo per due-tre anni) e innaffia correttamente.
Un parassita specifico è la **"mosca del sedano"**, minatrice fogliare allo stadio larvale. Se la pianta è adulta basta staccare le foglie colpite, se invece è giovane rischia di ridurre la fotosintesi e di deperire. La pacciamatura previene la risalita sulla pianta della larva che ha svernato nel terreno.

5.2. Finocchio

È una pianta erbacea biennale o perenne dotata di un fusto cilindrico nelle varietà selvatiche, e a guaine ingrossate in quelle coltivate. La parte edule è proprio la base del fusto, detta **grumolo**. Da esso parte un ciuffo di foglie composte e filamentose e di infiorescenze gialle a ombrella. È molto conosciuta in erboristeria per il **frutto** ovoidale e striato, impropriamente chiamato seme, dalle proprietà digestive e carminative. Allo stato selvatico cresce ovunque, anche in zone aride e incolte.

Tradizionalmente si distinguono varietà di finocchio **"maschio"** e **"femmina"**: non si tratta di una reale differenza di genere, ma solo di grumolo più tondo nel primo caso e più piatto nel secondo. Il primo è il più pregiato ed è consumato crudo, il secondo cotto, ma nessuno ti vieta di fare altrimenti. Al mercato può capitarti di trovare solo varietà tonde (che all'orticoltore rendono di più) oppure entrambe nella stessa cassetta. I frutti delle varietà tonde di solito si riconoscono perché più grossi rispetto agli altri.

Esigenze. Il finocchio è l'ortaggio autunnale e invernale per eccellenza. Nonostante ciò è una pianta che non tollera le **gelate**. Anche **temperature troppo alte** possono danneggiarla, rendendo il grumolo duro e fibroso e anticipando la fioritura a scapito della parte vegetativa. Per questo in genere si impianta da metà estate in poi e si raccoglie fino a dicembre (o più, se hai una struttura protetta). Non è proibito impiantare in primavera, ma devi farlo abbastanza precocemente (febbraio/marzo) in modo da avere grumoli da raccogliere prima che sopraggiunga il caldo torrido. Inoltre gli impianti precoci accorciano il ciclo colturale. Le varietà **precoci** maturano dopo due mesi, quelle tardive a sei mesi. Per quanto riguarda gli **avvicendamenti**, il finocchio non dovrebbe essere coltivato nello stesso posto per almeno tre anni, e può seguire sia varietà da sovescio (leguminose) sia da rinnovo (solanacee).

Il **terreno** ideale è di medio impasto, ben drenato, privo di scheletro (sassi, ghiaia) e a pH da neutro a leggermente acido. Suoli troppo compatti possono provocare la fuoriuscita del grumolo dal terreno e il suo inverdimento.

La **semina** si esegue da giugno in poi a seconda della varietà, in semenzaio o in pieno campo se il terriccio è ben affinato e umido; nel primo caso la piantina sarà pronta per il trasferimento dopo un mese. In alternativa puoi eseguire il **trapianto** di piantine da vivaio da fine luglio a ottobre, avendo cura di interrare il fusto basale appena ingrossato. Le piantine soffrono il trapianto, ma se eseguito con la dovuta delicatezza si riprendono in breve tempo. Le distanze interfila sono di circa 50 cm, sulla fila di 20-30 cm.

Necessita di **irrigazioni** frequenti ma non abbondanti (niente ristagni): se il terreno è molto compatto impianta su montagnole o file rilevate.

La **pacciamatura** con teli e materiale organico è molto utile sia per proteggere le piantine appena nate dagli agenti atmosferici e dalle infestanti, sia per le operazioni colturali successive.

Quando inizi a notare l'ingrossamento del grumolo rincalza il terreno contro di esso in modo da coprirlo interamente, e ripeti l'operazione per altre tre volte nell'arco del ciclo colturale fino a due settimane prima della raccolta. Nel frattempo approfitta per **concimare** con un fertilizzante per ortive. In questa specie la **rincalzatura** assume importanza notevole: oltre ai vantaggi generali già elencati ha l'effetto di ingrossare e imbiancare il grumolo, che tenta ogni volta di emergere dal terreno: questo migliora la qualità organolettica dell'ortaggio.

La **raccolta** si esegue dall'autunno a tutto l'inverno quando le dimensioni del grumolo sono sufficienti: estirpa la pianta intera e recidi l'apparato radicale. Di solito si separa la **parte aerea** dal grumolo: invece di gettarla sfrutta il suo inconfondibile aroma di anice per arricchire minestroni e piatti di carne; se non ti piace potrai sempre usarla per il compost.

Se vuoi raccogliere i frutti per farne **decotti** digestivi e insaporire pietanze, tra agosto e settembre recidi le infiorescenze e lasciale seccare in mazzetti appesi a un traliccio: dopodiché basta scrollarle per separare i frutti. Il decotto si prepara facendo bollire un cucchiaino di frutti in una tazza d'acqua per circa cinque minuti; spegni il fuoco e lascia riposare per altri due minuti. La tisana può essere sorseggiata come dopo-pasto oppure per sciacqui orali.

Propagazione. Puoi anche seminare i frutti di finocchio che trovi in **erboristeria** o al supermercato, oppure quelli ottenuti dall'essiccazione delle infiorescenze; ma potresti ottenere varietà selvatiche con grumoli piccoli.

Avversità. Le **infezioni fungine** sono tipiche dei suoli compatti e saturi d'acqua, perciò migliora il drenaggio del terreno: il più temuto è il marciume basale che fa ammuffire i grumoli. La pianta può essere soggetta all'oidio.
I parassiti animali non sono frequenti sul finocchio, **afidi** e nottue a parte.

5.3. Prezzemolo

Pianta erbacea **biennale**, durante il primo anno produce le foglie, durante il secondo lo stelo fiorale che regge l'infiorescenza a ombrella bianca e può raggiungere il metro d'altezza. Le foglie sono pennatosette e fortemente aromatiche. Il prezzemolo contiene, infatti, molto **olio essenziale**.

Esigenze. Resiste bene al **freddo**, quindi si può seminare o trapiantare da marzo a ottobre; al nord è preferibile impiantare tra aprile e maggio, quando le temperature si attestano sopra i 5°. L'**esposizione** migliore è alla luce diffusa, mai diretta.

Il **terreno** deve essere soffice, fine e ricco in sostanze organiche. Per una coltura in vaso è sufficiente del terriccio universale miscelato a concime organico. In giardino lavora a qualche decina di centimetri di profondità (l'apparato radicale tende ad approfondirsi) e sminuzza bene il terreno.
Deve essere ben drenato per evitare ristagni e sempre

leggermente umido: **irriga** costantemente e pacciama il terreno.

L'impianto avviene a distanze di 20x20 cm con gruppi di quattro-cinque semini per foro, a un centimetro di profondità. La **concimazione** è importante in piena terra (in vaso basta quella d'impianto). Gli elementi da preferire sono azoto e potassio.

La pianta si **raccoglie** dopo un paio di mesi dalla semina recidendola a cinque centimetri dalla base: emetterà nuovi getti in breve tempo. Se ne hai in gran quantità è possibile sminuzzarlo e congelarlo; se hai il vaso in balcone o in cucina e lo usi al bisogno, recidi un intero stelo dalla base in modo che la pianta ricacci. Staccando semplicemente le foglie, al contrario, ridurrai la fotosintesi del getto, che si allungherà diventando giallo e fragile.

<u>Propagazione.</u> L'emersione della pianta da seme avviene dopo un paio di settimane o più: per anticipare la germinazione, lascia i semi avvolti in un **pezzo di carta bagnato** per una notte (fai attenzione perché sono molto piccoli).
Si può anche propagare per **talea** o per **divisione di cespi**; quest'ultima si usa anche per dimezzare le piante in vaso diventate cespugliose: basta dividere con le mani o le cesoie il panetto di terra e tenere i nuovi vasi all'ombra per i primi giorni.

<u>Avversità.</u> Tra i **patogeni fungini**, comuni sono la ruggine e la peronospora. Tra i parassiti **animali** puoi trovare afidi e larve di coleotteri. Se l'infestazione è grave e non riesci a rimuovere tutte le parti infette o le colonie, recidi la pianta a cinque centimetri dal colletto in modo da rinnovarla.

La **carenza di azoto** rende la pianta di un tipico verde-giallino, mentre quella di **fosforo** provoca ingiallimenti solo sulle foglie vecchie. Mancanza di **potassio** produce giallumi e punteggiature necrotiche. L'ingiallimento dovuto a carenza di **magnesio** parte dai margini fino a coprire tutta la foglia; così anche nel caso del manganese, ma le nervature restano verdi. Una carenza di **boro** si manifesta con sfumature rosse sulle foglie giovani.

5.4. Cardo

Non molto conosciuta a livello culinario questa specie vegetale è cugina del **carciofo** (appartengono al medesimo genere): in effetti l'infiorescenza è simile e anche il sapore, a metà tra carciofo e sedano. La parte edule di questa pianta è però il **gambo** carnoso, da consumare cotto in minestroni, fritture, contorni lessi o al forno. In alcune zone d'Italia si mangia anche a crudo intinto nell'olio, ma la consistenza è più ostica.

In natura è **perenne** grazie alle gemme presenti sul colletto, in coltura annuale. È ricoperto di **spine** e lo stelo fiorale può arrivare ad altezze di due metri e mezzo. Il **fiore** è un capolino globoso viola che si apre da agosto a settembre. Molte varietà vengono fatte **imbiancare** stendendo i fusti a livello del terreno oppure coprendoli con film plastici, in modo che il buio li renda più teneri e smorzi il sapore amaro. I gambi più esterni del cespo possono comunque risultare troppo coriacei.

Esigenze. Se abiti in una zona meridionale e **siccitosa**, il cardo è la coltura ideale. Tieni conto che comunque occupa **spazio**, anche perché tende a crescere molto in altezza. Lavora sempre con i **guanti** per proteggerti dalle spine.
Come potrai intuire non è una pianta esigente nei confronti del **terreno**, cresce molto bene anche in quelli aridi, sabbiosi o salini. Effettua comunque le solite lavorazioni ed irriga dopo l'impianto per favorire l'attecchimento.

La **concimazione** di fondo dovrebbe essere sufficiente a coprire l'intero ciclo colturale. È una pianta che tollera bene la siccità: non dovrai abbondare con le **innaffiature** soprattutto quando fa freddo. Necessita inoltre di un'e**sposizione** in pieno sole.

Il cardo si semina o si trapianta in **primavera**, terminato l'eventuale periodo delle gelate, a una profondità di un paio di centimetri, a distanze di circa 50x50 cm.

Puoi seminare in campo o in semenzaio, a gruppi di tre semi per ogni foro. Verso ottobre avranno raggiunto altezze di quasi un metro: questo è il momento di effettuare l'**imbiancatura**, stringendo delicatamente il cespo con due spaghi (uno verso la base della pianta e uno a metà altezza) e legandovi sopra del film plastico nero, in modo da coprire interamente i gambi. Durante l'inverno proteggi la coltura con un tunnel o del cellophane avvolto attorno a ogni cespo. Dopo un mese sarà pronto per la **raccolta**, che avverrà recidendo l'intero cespo a livello delle radici.

Propagazione. La **divisione di cespo** avviene in autunno o in primavera. Le porzioni ottenute a novembre vanno fatte svernare in serra o tunnel e poi messe a dimora in aprile. Quelle ottenute in primavera (marzo/aprile) possono essere piantate direttamente.

Per prelevare i **semi** dalle tue piante recidi i capolini tra luglio e agosto, quando iniziano ad aprirsi. Lasciali seccare e poi scrollali in modo che i frutticini cadano in una bustina. Conservali in un locale asciutto e areato fino alla primavera successiva.

Avversità. L'unica infestazione degna di nota è quella degli **afidi**.

5.5. Asparago

Originaria dell'Europa orientale e dell'Asia occidentale, anche in areali molto **salini** in quanto specie tollerante, oggi è spontanea anche in Italia meridionale.
È una coltura **poliennale** (vive fino a 10-15 anni) grazie all'apparato radicale che sverna nel terreno in attesa della primavera successiva; ma la comparsa di patogeni (fusariosi ecc.) rende necessari lunghi avvicendamenti.

La parte edule è costituita dal **turione**, germoglio a struttura cilindrica e carnosa che si forma da gemme alla base della pianta in corrispondenza del rizoma. A livello ipogeo si trova la **zampa**, insieme di rizomi e radici originate da una sorta di nucleo, così chiamata perché ricorda un palmo con le dita. Da tale struttura, in primavera e in condizioni adeguate si formano le gemme che si allungano producendo il turione, su cui compare una sequenza di foglie che diventa sempre più fitta verso l'apice. L'apparato radicale è robusto e resistente.
Il **colore** del turione può essere:

- verde: caratteristica genetica, preferito per il costo minore e di più facile raccolta (anche se scalare);
- violetto: caratterista genetica;
- bianco: caratteristica colturale; è ottenuto mantenendolo al buio nel terreno fino alla raccolta, tramite rincalzature consistenti e/o pacciamatura (telo nero). Il costo è maggiore per via della raccolta manuale che richiede speciali coltelli.

Contiene poche proteine (ma nutrizionalmente importanti), amido, zuccheri semplici, sali minerali (calcio, fosforo, ferro) e vitamine B e C.
Se i turioni non vengono raccolti si originano **fusti** alti anche un metro e mezzo, erbacei e lignificati alla base, con foglioline fitte quasi aghiformi. È una pianta dioica, quindi i **fiori** femminili e maschili si trovano su piante diverse. I frutti sono piccole bacche tonde e rosse.
L'asparago è una pianta che si fa attendere, ma se sei motivato ti ripagherà copiosamente.

Esigenze. Essendo poliennale, si adatta a **temperature** molto basse e molto alte. La minima biologica e di germinazione è tra i 10° e i 12°C. L'ottimale di germinazione e di crescita è di 20°-25°C. Pianta eliofila, richiede elevate intensità luminose.
Predilige **terreni** sabbiosi, soffici, umiferi, ben drenati, anche salini, con pH 6.5-7.5 (ma tollera anche pH più alti).

È una specie piuttosto vorace e risponde bene a **concimazioni** abbondanti, anche eccedenti la richiesta dovuta all'asporto del turione. Richiede molto azoto, ma anche potassio e calcio, non solo all'impianto ma anche durante la raccolta primaverile fino a giugno-luglio. Poi la pianta viene lasciata libera di sviluppare steli. Dopo la raccolta estiva-autunnale la pianta ha esigenze maggiori, perciò bisogna intervenire anche in questi momenti apparentemente improduttivi poiché la pianta accumula sostanze di riserva

nella zampa che consentiranno lo sviluppo dei turioni successivi. Durante gli anni seguenti al primo, in autunno si somministra soprattutto **fosforo e letame** (o stallatico, lasciato in superficie); in giugno-luglio azoto frazionato.
Per quanto riguarda le **rotazioni**, è una specie miglioratrice del terreno grazie alle lavorazioni profonde che migliorano la struttura del suolo, alle abbondanti concimazioni che arricchiscono il terreno, alle sarchiature e rincalzature necessarie a controllare le malerbe. Evita la successione a patata, erba medica, carota e coste, perché rischiano di diffondere nel terreno l'agente fungino responsabile del "mal vinato", a cui le radici di asparago sono sensibili.

L'**impianto** si esegue in marzo tramite zampe o piantine da vivaio a una profondità di 10-20 cm se desideri il classico asparago verde, 30 cm se lo vuoi bianco, e a una distanza sulla fila di circa 50-70 cm. Le distanze interfila devono essere tali da permettere i lavori di scerbatura e rincalzatura. Dal secondo anno devi effettuare una **rincalzatura** invernale perché la zampa sviluppa germogli, altre zampe e piantine che sollevano l'apparato sotterraneo al di sopra della superficie.

Al terzo anno puoi finalmente passare alla **raccolta** (al sud da febbraio, al nord da marzo). Quando la pianta ha 20-25 cm di lunghezza e le foglie non sono ancora aperte, ma serrate al fusto, recidi i turioni più sviluppati a circa quattro centimetri di profondità nel suolo; lascia invece quelli più piccoli a vegetare. Esiste anche un attrezzo specifico simile a una zappetta che si infila nel terreno ed effettua un corretto taglio obliquo. Scarta l'estremità inferiore del turione, troppo fibrosa.

Gli asparagi bianchi si raccolgono più frequentemente, appena sbucano dal terreno. Dopodiché spiana il suolo per lasciar sviluppare gli steli.

In realtà la raccolta può anche essere effettuata il **primo anno**, soprattutto se hai messo a dimora le zampe, ma ovviamente con rese minori. Dal quarto al sesto anno si hanno i raccolti migliori, poi la resa inizia a calare fino ai dieci anni di vita della pianta.
All'inizio di ogni inverno asporta la **parte aerea secca**.

L'**irrigazione** è importante in estate, quando la pianta accumula riserve nelle zampe; in primavera le necessità sono minori. Pacciama il terreno con materiale organico o con il telo nero per l'asparago bianco, ed elimina le malerbe.

Propagazione. Le **zampe** provenienti da seme sono trapiantabili uno o due anni dopo; a meno che non acquisti zampe che hanno già tre anni.

Le **piantine** da vivaio sono il metodo più rapido perché consentono di raccogliere già l'anno successivo, ma la coltura dura di meno.

La **semina** diretta è meno frequente. I semi si prelevano dalle bacche come già descritto (una bacca contiene da due a quattro piccoli semi globosi e neri) o si acquistano in bustina. Procedi come di consueto, seminando superficialmente in marzo o aprile e mantenendo una temperatura di almeno 10°, poi innaffia due volte al giorno.

Avversità. Come già detto l'asparago è suscettibile al **"mal vinato"**, che si manifesta con macchie vellutate violacee su radici e turioni. Il fungo cresce meglio in substrati umidi e acidi, quindi evita i ristagni, controlla il pH e non coltivare asparagi dopo le colture già citate. Altre infezioni fungine sono ruggine, fusariosi, marciume basale, botrite.
Se la pianta ti appare deperita, ingiallita, troppo piccola, con fusti e turioni piatti, può aver contratto un **virus**.

Tipica del turione è poi una **fiosiopatia benigna** che si manifesta con fessurazioni rossastre longitudinali, dovute ad attrito con le componenti più grossolane del terreno. Proteggi però queste screpolature dalle infezioni fungine opportunistiche: rimuovi prontamente le malerbe, spargi prodotti rameici e innaffia e concima in modo corretto.

6. GLI ORTAGGI DA RADICE

6.1. Ravanello

Il ravanello è una crucifera la cui parte edule è costituita dalla **radice ingrossata** di colore rosso (ma vi sono varietà bianche, nere ecc.). La piccantezza è dovuta all'alto contenuto di sostanze **solforate**. Il fiore possiede una corolla di quattro petali bianchi disposti a croce; il frutto è una siliqua (una sorta di baccello verde) contenente i **semi**, usati nella cucina orientale per il contenuto di un olio molto piccante.

Le **foglie** del ravanello sono altrettanto commestibili e si possono consumare in insalata. È una pianta dal **ciclo breve** (due mesi), adatta a chi ha poco tempo o poca dimestichezza con la coltivazione.

Esigenze. La pianta di ravanello ama le **temperature** miti e il suo periodo preferito è la primavera. Puoi anche coltivarla in estate (esistono cultivar estive), ma devi innaffiarla con più frequenza per evitare che la radice diventi dura e troppo piccante. Come tutti gli ortaggi da radice predilige un **terreno** fine, senza sassi o zolle compatte. Quindi, dopo averlo lavorato per una profondità di circa 30 cm, affinalo con la zappa o il rastrello e incorpora della sabbia se necessario. L'esposizione ideale è alla luce.

I **semi** si interrano superficialmente in primavera, a spaglio o su file distanziate tra loro 20 cm; sulle file le distanze sono di circa 4-5 cm in quanto la coltura si può diradare successivamente. La pianta emerge in una-due settimane circa e potrai già intravedere l'arrossamento alla base del fusto. Non lasciare la coltura troppo **fitta** o le radici cresceranno piccole, ma non buttare le piantine che sradichi: se osservi bene il colletto delle piante puoi notare i primi piccoli ravanelli, che hanno un sapore più delicato. Dopo i diradamenti rincalza il terriccio contro la base della pianta. La semina si può effettuare anche **scalare** su più appezzamenti in modo da avere ravanelli a disposizione fino all'autunno.

Irriga dopo la semina almeno una volta alla settimana e riduci la frequenza se il clima è piovoso. **Concima** soltanto all'impianto con fertilizzante organico.
Dopo due mesi puoi procedere alla **raccolta**. Non ritardare troppo perché la pianta tende a fiorire a scapito della parte ipogea, la cui funzione è proprio quella di accumulare sostanze di riserva in previsione della fioritura e della fruttificazione.

Propagazione. Lascia alcuni ravanelli in campo in modo che producano i lunghi steli fiorali e poi le silique, che potrai raccogliere una volta mature durante il disseccamento della pianta. Aprile tramite i setti longitudinali ed estrai i **semi** bruni che conserverai fino al momento opportuno.

Avversità. Le foglie di ravanello possono essere gradite all'**altica**, piccolo coleottero salterino (per questo chiamato anche "pulce") dalla livrea di un colore scuro metallico o striato. La superficie fogliare appare forata, ma non in modo tale da alterare la fotosintesi. Intervieni solo se l'infestazione è così grave da defogliare la pianta.

6.2. Carota

Pianta erbacea **biennale** conosciuta per la robusta radice a fittone, la carota produce le foglie basali durante il primo anno e il fusto con l'infiorescenza a ombrella durante il secondo. La parte aerea è ricoperta da una peluria spinosa e le foglie sono pennato-sette, lineari. La **carota selvatica** si trova ovunque, dalle zone litoranee a quelle montane: veniva usata dagli antichi romani solo a scopo medicinale, poiché essi già consumavano un'altra radice, la pastinaca. Le **carote alimentari** arrivarono in Europa dall'Afghanistan nel Medioevo, ed erano viola o gialle, ma furono utilizzate solo per l'estrazione di coloranti. La carota **arancione** iniziò a comparire in Olanda nel Seicento probabilmente a seguito di una mutazione casuale, e soppiantò quelle viola il cui succo scuro sporcava molto in cucina. Tuttora puoi trovare le varietà viola, ricche di antociani, al supermercato.

Esigenze. La carota viene coltivata come annuale e non ama le **temperature** estreme.

Il **terreno** ideale è fine e senza scheletro (sassi, ghiaia), come per tutti gli ortaggi da radice. Deve essere inoltre ben drenato poiché la pianta non tollera i ristagni: se il suolo è troppo compatto aggiungi della sabbia oppure coltiva su file rialzate. Il pH può essere neutro o al limite subacido, mai calcareo. Lavora il terreno a una profondità di 30 cm, affinalo con un rastrello o un erpice e spianalo. Evita qualsiasi tipo di **compattamento** che potrebbe rivelarsi deleterio per la radice. La carota può **seguire** colture da sovescio o da rinnovo; l'importante è che non venga ripetuta nello stesso punto per due anni consecutivi.

Il **seme** si interra alla profondità di un centimetro. A seconda della tua zona climatica l'epoca di semina è tra agosto e novembre se si tratta di varietà a ciclo breve (tre mesi), tra gennaio e febbraio per quelle a ciclo lungo (cinque mesi). La carota è una pianta che necessita di pochissimo spazio poiché ad accrescimento stretto e verticale: la **distanza** fra le piante è infatti di circa cinque centimetri, tra le file di 20 cm, ma puoi anche seminare a spaglio e diradare in un secondo momento togliendo le piante più deboli.
Se scegli il **trapianto**, e comunque durante ogni operazione colturale, sii molto delicato con le radici poiché rischiano di lesionarsi.
Per il balcone sono disponibili varietà a radice corta dette **mini-carote**.

Dopo semina e trapianto intervieni con una buona **innaffiatura**; quando la piantina raggiunge un'altezza di 15 cm riducine la frequenza per una settimana in modo da favorire l'approfondimento della radice. In seguito necessita di irrigazioni frequenti e moderate, evita assolutamente i ristagni.

La **concimazione** organica all'impianto deve essere fatta con

sostanza ben sminuzzata e senza grossi residui, per non infastidire le radici. Effettuane un'altra quando il fusto ha raggiunto una decina di centimetri di lunghezza.
Quando giunge il periodo della **raccolta** (tre o cinque mesi dopo la semina a seconda della varietà) controlla lo stato di maturazione della carota e raccoglila quando è grossa, bella e tenera. Ricorda però che più la lasci nel terreno è più indurisce. Le carote si **conservano** a lungo in frigorifero; se ti capita un surplus puoi congelarlo dopo aver spezzettato e passato le radici in acqua bollente per un paio di minuti.

Propagazione. I **semi** possono essere ottenuti recidendo le infiorescenze tra luglio e agosto e mettendole a essiccare in mazzetti appesi in luoghi ombrosi e asciutti. A questo punto potrai scrollarle e ricavarne i frutti, che conserverai in sacchetti di carta o barattoli di vetro.

Avversità. La pianta ha un suo parassita specifico, la **"mosca della carota"**, le cui larve rosicchiano le radici e scavano gallerie che riempiono di escrementi, rendendole maleodoranti. La parte aerea ingiallisce e deperisce. Questi danni si verificano soprattutto in agosto, durante la seconda generazione dell'insetto. Per prevenire la sua presenza evita i ristagni idrici, coltiva in suoli sabbiosi e in luogo ben areato e non usare letame che non sia ben maturo. Aglio, cipolla e porro producono sostanze deterrenti per queste larve: pianta qualche bulbo accanto alle tue carote. Questi accorgimenti possono tornarti utili anche contro le **patologie fungine**.

Carote deformate e contorte sono dovute a un suolo troppo compatto, argilloso, zolloso o sassoso. Un fogliame scolorito deve farti pensare a carenza di **azoto**, che comunque è molto rara (a meno che il terreno subisca imponente dilavamento). Carenze di **fosforo** possono provocare un classico colorito violaceo sulle foglie. Una carenza di zolfo fa ingiallire le foglie giovani; quella di potassio fa seccare i getti più vecchi. Se gli apici vegetativi necrotizzano la pianta potrebbe soffrire mancanza di **calcio**. Una carenza di **magnesio** invece fa progressivamente ingiallire le foglie e imbrunire i margini.

6.3. Pastinaca

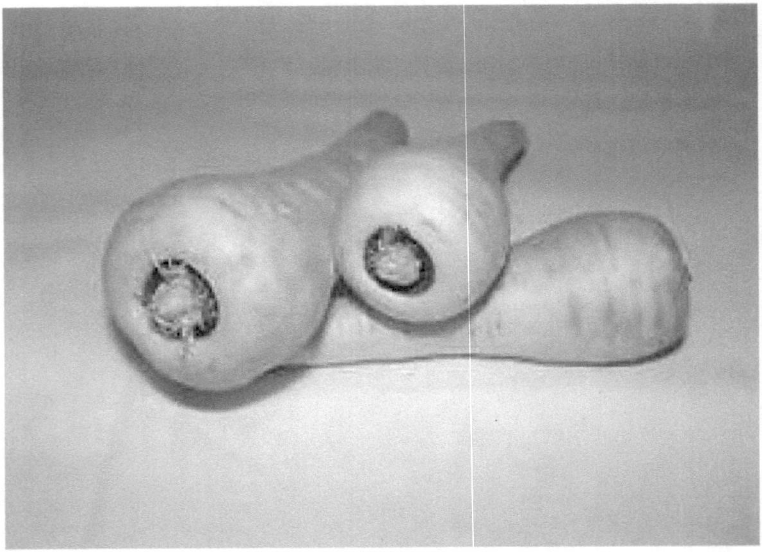

La pastinaca è una radice antica, ordinaria nella dieta dei **Romani** prima di essere soppiantata da patata e carota. Il suo consumo regolare è comunque sopravvissuto in **Nordeuropa**, dove oltre che per l'alimentazione viene impiegata per produrre bevande fermentate. Ultimamente sta tornando in auge anche in Italia nell'ambito del recupero dei vecchi sapori e della biodiversità, e per le presunte virtù depurative e corroboranti (tradizionalmente era infatti inserita nella dieta dei convalescenti o degli anziani).

La pastinaca è una pianta biennale erbacea, con foglie composte e fiori in ombrelle gialle. La **radice** è un lungo fittone bianco dalla forma di una carota e dal sapore dolciastro che ricorda insieme patata, carota e zucca. Ha un profilo compositivo amidaceo simile a quello della patata e può essere consumata cruda in insalata o cotta in minestroni. Le **foglie** sono altresì commestibili; inoltre in passato venivano usate in infusi per stimolare la diuresi.

Esigenze. Le foglie contengono una certa percentuale di cumarine, sostanze **fotosensibilizzanti**. Se hai la pelle sensibile, in piena estate proteggila con guanti e pantaloni lunghi ed evita di toccarti il viso per evitare reazioni infiammatorie cutanee.

L'esposizione deve essere al sole e il **terreno** ideale è ben drenato e affinato, simile a quello necessario per le altre colture da radice. Lavoralo a una profondità di 30-40 cm, rimuovi ciottoli e rompi le zolle compatte, integra con della sabbia se è argilloso. Come accade per la carota, terreni sassosi, aridi o densi possono deformare e stortare la radice. Il **pH** ottimale è compreso tra 6 e 7, ma la pianta tollera anche terreni calcarei. Concima soltanto all'impianto.

La **semina** avviene in primavera a un centimetro di profondità, con distanze fra le piante di 15-20 cm e tra le file di 25 cm, direttamente in campo o in vaso. L'emersione avverrà in circa tre settimane; nel frattempo mantieni il terreno **umido** ma non saturo d'acqua.

Il sapore dolce è favorito dal **freddo**, che converte gli amidi in zuccheri semplici: la raccolta avviene estirpando la radice in tardo autunno, durante il primo anno di vegetazione (pianta trattata come annuale); ancora meglio lasciarla **svernare nel terreno** fino alla primavera successiva ed estirparla prima che spuntino le cime fiorali. Pacciama il terreno per proteggerlo dal gelo e non innaffiare durante questo periodo, pena la comparsa di marciumi radicali. Facendo delle prove potrai decidere quando raccogliere in base ai tuoi gusti.

Si **conserva** bene in frigorifero; se invece ne hai prodotta di più puoi riporla nel congelatore dopo averla tagliata a dadini, sbollentata un paio di minuti e asciugata.

Propagazione. Se vuoi recuperare i **semi** direttamente dalla pianta, lascia fiorire qualche radice durante il secondo anno di coltivazione e, quando lo stelo fiorale secca, scrolla l'infiorescenza in una bustina. Metti i semi in ammollo la notte prima della semina per ammorbidire il tegumento.

Avversità. Le **infezioni fungine** (marciume radicale violetto, oidio ecc.) sono favorite dai ristagni idrici. La radice può essere interessata dal cosiddetto "cancro fungino", che produce macchie brune e necrotiche e rende fibrosa la radice, spesso in terreni dove le temperature troppo basse si uniscono a eccesso di umidità, o dove il pH è troppo acido.

Spesso questa infezione è favorita dal parassitismo di **larve** di mosche e farfalle, che scavano gallerie nelle radici. Fai attenzione a non danneggiare l'apparato radicale durante le operazioni colturali: le larve sono attratte da materiale indecomposto o contuso.

Diversi **virus** possono provocare ingiallimenti fogliari presso le nervature o macchie marroncine "a mosaico". Non sono così frequenti, soprattutto se utilizzi materiale disinfettato e semente sana.

6.4. Barbabietola

La barbabietola è una cultivar di bietola dotata di una grossa **radice** fittonante rossa; alcune varietà (prevalentemente quelle bianche) sono usate per l'estrazione dello zucchero. Questa radice viene di solito cotta al vapore e utilizzata per contorni e dessert, per via del suo sapore dolciastro e del colore acceso. Contiene molto ferro e **antociani**, sostanze coloranti dall'azione antiossidante.

La pianta possiede fusti carnosi e sanguigni, e **foglie** con superficie ampia simili a quelle delle altre bietole e altrettanto commestibili. È biennale: durante il primo anno vegeta e nel secondo fiorisce.

Esigenze. La barbabietola richiede tendenzialmente **esposizione** luminosa, ma l'importante è che non stia in un luogo eccessivamente buio e umido.

Le **temperature** all'impianto non devono scendere sotto i 5°-10°, altrimenti la pianta anticipa la fioritura e la radice si svuota per trasferire le sue riserve al frutto. Temperature eccessive durante l'estate aumentano la respirazione della pianta e quindi il prelievo delle riserve; mentre notturne basse da metà agosto rendono la radice più dolce. Il **terreno** deve essere organico, drenato, ben affinato e spietrato in modo da non danneggiare le radici. Lavoralo a una profondità di 30-40 cm e sminuzza le zolle con un rastrello. I terreni acidi e saturi alterano la qualità della radice.

La barbabietola si **semina** in primavera a 2-4 cm di profondità e a distanze interfila di 45 cm e sulla fila di 30 cm, poiché crescendo il cespuglio tende a espandersi; al sud puoi anticipare la semina a febbraio. La **raccolta** inizia dopo due mesi e prosegue per tutto l'autunno. Non lasciare le radici troppo tempo nel terreno: se le dimensioni iniziano a superare quelle di una palla da baseball la barbabietola diventa fibrosa. Mantieni sempre il terreno ben **inumidito** per avere una radice soda e tenera, ma mai saturo. Rimuovi le infestanti, con cui le piantine non riescono a competere.

Può essere considerata una coltura di seconda fase che si accontenta della **concimazione** d'impianto, ma anche da **rinnovo** e quindi di apertura del ciclo colturale, poiché migliora le condizioni del terreno. È consigliabile non riproporla nello stesso appezzamento per due o tre anni in modo da evitare la diffusione dei patogeni radicali (es. nematodi).
Dopo la raccolta puoi **conservarla** in un luogo fresco e asciutto, al riparo dalla luce diretta.

Propagazione. Per recuperare il **seme** dalla pianta attendi che produca la spiga fiorale rossastra, durante il secondo anno di vita. Falla seccare, recidila e mettila in luogo asciutto perché i frutti maturino. Dopodiché scrollala per separare i semi. Lasciali in ammollo per una notte prima di seminare.

Avversità. La radice è molto gradita ai **nematodi** e ai funghi, che possono causare marciumi. Le **foglie** possono essere attaccate dagli afidi, dagli acari, da elateridi o dall'altica (coleottero-pulce).

6.5. Rapa

Si fa presto a dire rapa: ne esistono di infinite forme e colori! Rossa, bianca, gialla, piatta, tonda... è un ortaggio molto versatile e ottimo sia crudo in insalata che cotto in minestrone. La parte edibile è costituita dalla **radice** che ingrossa per garantire il giusto apporto di sostanze nutritive a fiori, frutti e semi. Le **foglie** sbucano a rosetta dalla radice, sono dotate di lungo picciolo e superficie ampia, lanceolata. Sono anch'esse commestibili e saporite, puoi usarle a crudo in insalata o per condire la pasta.

<u>Esigenze.</u> L'**esposizione** può essere luminosa o in mezz'ombra, il **terreno** deve essere preparato per accogliere una coltura da radice: lavoralo a 30 cm di profondità, spietralo e affinalo. Se eccessivamente compatto puoi aggiungere sabbia e creare dei rilievi per far defluire l'acqua. Le **temperature** ideali per la semina sono quelle alte tipiche di agosto; per l'accrescimento necessita invece di un clima mite.

Mantieni il terreno sempre umido, ma evita i ristagni. Per la concimazione è sufficiente quella fatta durante la lavorazione

del terreno.
La **semina** avviene in agosto in pieno campo o in semenzaio, la raccolta tra ottobre e novembre, estirpando semplicemente la pianta. Puoi anche mettere a dimora le piantine acquistate in vivaio tra la fine di agosto e l'inizio di settembre, a distanze di circa 25x25 cm.

Propagazione. Se vuoi recuperare i **semi** dalle tue piante lascia che alcune di esse producano la cima fiorale (non si tratta della cosiddetta "cima di rapa", che appartiene a un'altra specie). Falla seccare e tienila un paio di giorni in luogo asciutto. Dopodiché riuscirai a scrollare i semi in una bustina che conserverai sempre lontano dall'umidità.

Avversità. I terreni saturi possono favorire **marciumi** radicali e altre infezioni fungine. Contro i **nematodi** sono utili associazioni con tagete e calendula. La parte aerea può essere invece rosicchiata dall'**altica**, piccolo coleottero che buca le foglie, o infestata dagli afidi.

6.6. Navone

Il navone è una varietà di colza che produce un **organo sotterraneo** simile a una rapa, di forma tonda, ovale o grumosa, con tegumento rossiccio o dorato e polpa gialla. Il sapore ha la piccantezza tipica delle crucifere, ma molto più delicata, e una leggera nota amarognola (che però può virare al dolce dopo cottura). Si cucina generalmente in puree, contorni e ripieni, ma puoi usarlo anche a crudo, in insalata. Altri nomi sono "rutabaga" (da un termine dialettale svedese), "rapa svedese" o "cavolo navone". Pare infatti sia nato da un incrocio casuale tra un cavolo e una rapa.

In passato era il cibo tipico delle carestie o degli embarghi; il suo consumo è caduto in **disuso** da molto tempo, salvo che in Nordeuropa e in qualche zona d'Italia. Per questo sarà abbastanza difficile reperire la semente, ma vale la pena: oltre a essere **rustico** e di facile coltivazione, questo ortaggio arricchisce la tavola invernale di nuovi sapori e fornisce alla nostra alimentazione le sostanze solforate antiinfiammatorie caratteristiche delle crucifere.

La radice può raggiungere **notevoli dimensioni** e può dare grande soddisfazione agli aspiranti coltivatori, che vedono profumatamente ripagate le loro prime fatiche.

La pianta è **biennale** e possiede foglie a rosetta, ampie e dal margine leggermente frastagliato, commestibili. Durante la primavera del secondo anno produce il fiore giallo della colza.

Esigenze. L'esposizione richiesta è in zona luminosa; il **terreno** deve essere soffice e ben affinato come per le altre radici: prevedi quindi una lavorazione a circa 40 cm di profondità, rimuovi i sassi, rompi le zolle compatte e miscela della sabbia se necessario. Dopo una concimazione organica a tua scelta interra i **semi** a circa due centimetri di profondità, a una distanza di 30x30. Puoi seminare da maggio a fine agosto (anche a settembre se il clima è buono). Se hai la fortuna di reperire le piantine in vivaio, trapiantale più o meno nello stesso periodo a distanze di 40x40 cm.

Le **innaffiature** devono essere costanti: non lasciare che il terreno secchi eccessivamente o la radice tenderà a lignificare; allo stesso tempo però l'acqua non deve ristagnare. Per il navone è sufficiente la **concimazione** d'impianto.
Circa tre mesi dopo l'emergenza della piantina o il trapianto, il navone sarà pronto. Si usa come ortaggio invernale, dal momento che la **raccolta** va da fine agosto in poi, e si conserva a lungo in luogo fresco come una cantina. La radice tende a sbucare dal terreno: puoi estirparla quando è piccola o attendere che si ingrossi (può arrivare anche ai due chili di peso). Provala in entrambe le dimensioni e valuta quella che incontra i tuoi gusti!

Propagazione. Se vuoi prelevare il **seme** direttamente dalla pianta lascia qualche radice nel terreno durante l'inverno: la primavera successiva svilupperà lo stelo fiorale. Se correttamente impollinato, il fiore produrrà un baccello contenente i semi.

Avversità. I ristagni idrici possono favorire l'insorgenza di marciumi radicali. Se il tuo terreno è troppo compatto puoi coltivare il navone su file rialzate. Altri **funghi patogeni** possono essere oidio e peronospora.
Tra i **parassiti animali**, la larva della mosca del cavolo scava gallerie nelle radici, mentre le lumache e l'altica rosicchiano le foglie.

7. GLI ORTAGGI DA TUBERO

7.1. Patata

Dalle Ande questo tubero iniziò a diffondersi in Europa nel Seicento in corrispondenza delle carestie, soprattutto al nord; in Italia verso la fine dell'Ottocento. Attualmente è al coltura orticola più diffusa. La sua caratteristica più apprezzata è la conservabilità fino a un anno.
La cosiddetta **"patata novella"** si raccoglie prima della completa maturazione e la sua buccia si rimuove facilmente tramite strofinamento; viene commerciata subito dopo la raccolta e non può essere conservata.
È una specie **perennante**, grazie al tubero. Si propaga indefinitamente, ma in coltivazione di solito la si fa durare per un periodo inferiore a un anno.
Specie erbacea dal fusto quadrangolare, ha foglie composte, infiorescenze gialle e frutti simili a pomodorini. La pianta nata da seme ha l'**apparato radicale** a fittone, quella nata da

tubero ha radici fascicolate. In entrambi i casi sono comunque apparati poco profondi. Possiede anche rizomi senza gemme. La buccia del tubero è disseminata di **occhi** (le gemme) mentre la parte interna, detta midollo, è ricca di amido. La differenziazione dei tuberi è agevolata da fotoperiodi brevi e basse temperature. Le parti verdi del tubero contengono **solanina**, ma per un minimo effetto tossico dovresti ingerire chili e chili di patate verdi.

Vi sono **varietà** a buccia gialla o rossa, e a pasta bianca o gialla. Le più usate sono:
- <u>multiuso</u>: Spunta, Primura, Monalisa, Vivaldi (prevalentemente varietà a buccia e pasta gialla);
- <u>da insalata</u>: Agata (a buccia e pasta gialla)
- <u>farinose</u> da purea: Kennebec (buccia gialla e pasta bianca), Kuroda (buccia rossa e pasta gialla)
- <u>per frittura</u>: Desirée (buccia rossa e pasta gialla).

<u>Esigenze.</u> È sensibile alle **temperature** troppo basse e troppo alte. La temperatura minima letale è di 2°, mentre l'ottimale di crescita è compreso tra 20° e 25°. La germinazione si blocca sotto i 5° e la maturazione dei tuberi richiede almeno 15°. Temperature maggiori di 30° riducono l'assimilazione e l'accumulo di amido nei tuberi, e aumentano il rischio di **tuberomania** (generazione di tuberi molto piccoli all'apice del germoglio).

Il **terreno** deve essere profondo almeno 60-70 cm (soffre la siccità), e molto fine: le radici hanno scarso potere di penetrazione. Fai attenzione che non sia sassoso e compatto. Deve essere inoltre ben areato, ricco in sostanza organica, di medio impasto, siliceo o siliceo-argilloso, a pH 6-6.5. Se troppo alcalino, la polpa del tubero potrebbe diventare sugherosa e la pianta suscettibile agli attacchi fungini (soprattutto la cosiddetta "scabbia polverulenta").

La patata comune richiede **concimazioni** di proporzione N2:P1:K3, quella novella N2: P1: K4,5. Come vedi il **potassio** è molto importante per la salute degli organi sotterranei: la cenere di legna ne è un ottimo integratore e puoi incorporarla insieme alla concimazione organica d'impianto. Dopodiché concima una volta al mese con fertilizzanti per orticole (li trovi anche organici). Maggiore disponibilità di **azoto** aumenta la resa, incrementa il contenuto proteico dei tuberi e riduce la concentrazione di solanina nella pianta; al contempo però diminuisce il contenuto in amido, aumenta il rischio di malformazione dei tuberi e della loro germogliazione in campo, e ne ritarda la maturazione, soprattutto se somministrato tardivamente. Il **fosforo** è importante per lo sviluppo del tubero e la sua conservabilità; il **potassio** promuove l'accumulo di amido e la resistenza alle virosi.

Per quanto riguarda le **irrigazioni**, la patata è molto sensibile allo stress idrico per via dell'apparato radicale poco efficiente, e il periodo più critico è la post-emergenza e l'inizio della formazione dei tuberi. Irriga due volte a settimana evitando di saturare il terreno. Una **carenza idrica** può provocare ritardo nella tuberizzazione, minore resa, germogliazione in campo, fenditure sui tuberi, tuberomania. Eccesso idrico (soprattutto alla fine del ciclo) rende i tuberi più acquosi e meno conservabili.

L'**impianto** della patata comune avviene tra marzo e aprile, quello della patata precoce da fine dicembre a febbraio, con una distanza interfila di 70 cm e tra le piante di almeno 30 cm, e ad una profondità di 10-15 cm. Al nord rimanda la semina dopo il periodo delle gelate. Se vuoi ottenere tuberi grossi devi ridurre la competizione fra le piante, seminando patate piccole o frazionate. I tuberi più grandi favoriscono invece la formazione di patate di piccole dimensioni utili alla propagazione. Dopo un mese inizierai a vedere la plantula emergere dal suolo.

Si può **raccogliere** da aprile fino a giugno, dopo 14-20 settimane dalla piantagione, quando il fogliame ingiallisce. La patata novella si raccoglie invece due settimane prima, quando la pianta è ancora verde, estraendo solo i tuberi superficiali. Altre cure importanti sono la pacciamatura, due **rincalzature** del terriccio contro il colletto, da effettuare due e tre mesi dopo l'impianto (vedi pomodoro) e l'eliminazione delle **infestanti**. Le malerbe, infatti, oltre che favorire la presenza di parassiti, possono con le loro radici perforare i tuberi.

La patata **non dovrebbe tornare** sullo stesso terreno dove sono state coltivate altre solanacee per almeno due anni (ma meglio ancora 5-6 anni) per evitare problemi sanitari (infezioni fungine, nematodi). È una coltura miglioratrice del suolo, quindi è ottima da inserire in rotazione fra colture che richiedono un terreno ricco e strutturato.
La patata va **conservata** in luogo umido e buio, a 6°-8°, con una buona ventilazione e protetta dagli insetti. Se non intendi consumarla in tempi brevi, appena dopo la raccolta tienila due settimane a temperature di 10°-15° e ad alta umidità in modo da cicatrizzare eventuali ferite dovute all'estirpazione, poi procedi con la conservazione sopra descritta.

Propagazione. La patata si propaga tramite **tubero**, poiché la fioritura non si verifica regolarmente. Sono state selezionate varietà più produttive in tuberi che non fioriscono, in quanto fioritura e tuberizzazione sono antagoniste. I tuberi da usare per la propagazione devono essere conservati a temperature di 3°-4°, e non devono essere né troppo giovani né essere stati conservati oltre i sei mesi. Di solito si usano i tuberi più piccoli; se superano i 100 grammi si frazionano e si fanno asciugare per un giorno prima dell'impianto. La **pre-germogliazione** è una tecnica interessante: per due mesi e mezzo si tengono i tuberi a 8°-15° in un ambiente molto umido e ben illuminato, finché non si formano robusti germogli di circa un centimetro. In questo modo avrai una radicazione più rapida.

Avversità. La patata può essere soggetta a **virosi**, che producono accartocciamenti e maculature lineari. Batteriosi possono dare annerimento della base, avvizzimenti e marciumi anulari. La prevenzione di queste patologie difficili da trattare si fa sempre disinfettando gli attrezzi da taglio e usando materiale di propagazione sano.

Infezioni fungine sono peronospora, fusariosi e la cosiddetta "scabbia polverulenta", che si possono prevenire evitando i ristagni e aspergendo prodotti rameici.

Tra gli **insetti** potrai trovare afidi, grillotalpa, larve di nottue, maggiolini e la famosa **dorifora** della patata. Coleottero dalla tipica livrea a strisce nere e bianche, essa sverna nel terreno e fuoriesce in primavera per banchettare con le foglie. Depone uova di color arancione sulla pagina inferiore delle foglie da cui fuoriescono larve rosse con puntini neri. Se hai un piccolo appezzamento puoi rimuovere manualmente larve, adulti e uova; se l'orto è grande prova a consociare piante allelopatiche come aglio e cipolla (magari tra una fila e l'altra). Infestazioni gravi richiedono interventi mirati: esistono ceppi di *Bacillus thuringiensis* specifici per i coleotteri e ovviamente insetticidi. Insidiosi sono anche i nematodi.

Il tubero può andare incontro a diverse **fisiopatie**:
- lenticellosi: proliferazione delle cellule delle lenticelle sulla buccia, dovuta a eccesso di umidità,
- "cuore cavo", da squilibri di umidità,
- "cuore nero", per asfissia radicale,
- tuberomania, dovuta a sbalzi idrici e alte temperature,
- vitrescenza, da freddo e siccità),

- inverdimento, per esposizione alla luce dei tuberi che restano troppo in superficie,
- fessurazione, per sbalzi idrici e umidità,
- maculatura ferruginea: macchioline brune nella polpa dovute a sbalzi idrici,
- raggrinzimento, provocato da squilibri idrici.

La **prevenzione** è importante! Ricordati di:
- usare materiale di propagazione sano,
- rispettare gli avvicendamenti e le distanze di impianto (non piantare troppo fitto!),
- sottoporre i tuberi da seminare a pre-germogliazione, in modo che i germogli siano già robusti una volta messi in campo,
- eliminare le malerbe,
- eliminare o spostare i ricacci delle colture precedenti,
- concimare in modo corretto evitando l'abuso di azoto,
- evitare i ristagni idrici,
- controllare il pH del terreno ed eventualmente correggerlo,
- rincalzare il terreno per prevenire l'inverdimento dei tuberi superficiali esposti alla luce.

7.2. Topinambur

Anche questo tubero è ritornato di moda nell'ultimo periodo. Di **sapore** dolciastro, simile a quello del carciofo, esso si può cucinare in vari modi: vellutate, risotti, contorni, ripieni, fritture... ma può essere gustato anche crudo in insalata.

Il tubero è globoso, di colore rossiccio. Contiene molta **inulina**, una fibra a corta catena che aiuta a regolarizzare l'intestino, ma che può infastidire alcune persone. Per questo va consumato in moderate quantità iniziali che si possono incrementare gradualmente.

Da fine agosto è possibile vedere nei campi e ai bordi delle strade gli alti fusti che recano bellissimi **fiori** gialli a stella: il topinambur è infatti cugino del girasole. Oltre a essere ornamentale una sola pianta produce moltissimi tuberi: è uno di quegli ortaggi che conviene coltivare piuttosto che comprare, poiché il suo costo è abbastanza elevato. Tuttavia tieni conto che occupa molto spazio e può diventare

infestante. Nonostante ciò è coltivabile anche in vaso, purché abbastanza ampio.

Esigenze. Non richiede un'esposizione particolare. La semina avviene in primavera tramite i **tuberi**, interi o suddivisi se molto grossi. Le porzioni devono avere almeno un germoglio ciascuna e vanno lasciate asciugare per qualche ora. Vanno bene anche i tuberi acquistati al supermercato.

Il **terreno** deve essere soffice, ben lavorato e affinato, possibilmente senza ciottoli. Scava buche di circa 40-50 cm di profondità, concimale e interra il tubero a circa 20 cm (in vaso la profondità può essere ridotta a qualche centimetro). Se desideri più di una pianta, le distanze fra loro dovranno essere di almeno 40 cm.

L'**irrigazione** non è quasi mai necessaria, a meno che non si verifichino periodi particolarmente siccitosi. In vaso però è meglio innaffiare regolarmente. Non necessita di ulteriori cure; volendo puoi effettuare una pacciamatura o anche lasciare che l'erba rivesta il terreno.

La pianta produce tuberi fino a un raggio di mezzo metro intorno a sé. Quando è seccata, da settembre in poi a seconda dell'areale, solleva il terreno con una forca o una vanga e **scava** alla ricerca dei tuberi. Si conservano in frigorifero per pochi giorni, quindi è meglio raccoglierli **al bisogno**: ancorati alla madre durano molto di più.
È una pianta che non si inserisce in **rotazione**, in quanto permane sempre qualche porzione di tubero nel terreno rischiando che germogli in mezzo alla coltura successiva. Per questo di solito si sceglie un luogo marginale del giardino dove tenerla come pianta perenne.

Propagazione. Puoi propagare il topinambur anche semplicemente lasciando qualche tubero nel **terreno** dopo il disseccamento della pianta, ma basta anche un pezzettino del **tegumento** provvisto di radichetta interrato a pochi centimetri di profondità.
Alcuni preferiscono far pre-germogliare il tubero prima di metterlo a dimora, tenendolo in **ammollo** uno o due giorni finché non spunta la radichetta

Avversità. È una pianta molto resistente ai patogeni, a patto che il terreno non sia saturo d'acqua. Molto ghiotti di topinambur sono i **topi** e, in alcune zone di campagna, i cinghiali!

8. GLI ORTAGGI DA BULBO

8.1. Cipolla

È un'erbacea perenne grazie al **bulbo** che permette alla pianta di svernare; in coltura però è trattata come annuale per avere le cipolle prima che vada a fiore.
Il bulbo esiste in diverse forme e colori: piatto, tondo, allungato, dorato, rosso, bianco... Le foglie sono lineari e cerose, e spuntano tutte dalla sommità del bulbo. Le infiorescenze sono sferoidali, color porpora.

Esigenze. È una coltura che non richiede molto spazio, puoi coltivarla tranquillamente in balcone. Il terreno deve essere sciolto, di medio impasto, senza sassi o zolle compatte e ben drenato. L'esposizione migliore è alla luce; meglio se ombreggiata durante le ore più calde nei mesi estivi.

Le piantine possono essere **trapiantate** tra ottobre e

novembre o tra marzo e aprile, a una distanza di circa 15-20 cm l'una dall'altra. Spunta di qualche dito le foglie più alte dei 15 cm in modo da irrobustire il bulbetto in formazione.

I **bulbetti** si seminano invece a metà ottobre, a profondità di circa un doppio della loro altezza, avendo cura di rispettarne la polarità: non è difficile in quanto è già presente un abbozzo radicale.

La **semina** si effettua a fine febbraio a circa un centimetro di profondità in un semenzaio protetto dal freddo e tenuto costantemente umido mediante nebulizzazioni. Se nella tua zona la stagione è buona puoi seminare in pieno campo durante il mese di marzo. L'emergenza delle piantine avviene in una o due settimane.

L'**irrigazione** può essere evitata durante i mesi autunnali e invernali: ovviamente annaffia se il decorso meteorologico si fa eccessivamente siccitoso.

La **pacciamatura** evita l'emergenza di malerbe che con le loro radici possono compromettere lo sviluppo del bulbo.

La **raccolta** dei bulbi avviene quando le foglie disseccano e si staccano, da maggio ad agosto a seconda dell'epoca di trapianto e della varietà. Si conservano in luogo asciutto in mazzi appesi tramite le foglie secche intrecciate.

Propagazione. Tramite seme, bulbetto o piantina da vivaio. Per procurarti il **seme** in autonomia, lascia un paio di bulbi interrati dopo il disseccamento delle foglie e fino alla produzione dei lunghissimi steli fiorali l'anno seguente. In questo modo il fiore verrà impollinato e si seccherà, formando i frutticini. Scuotendo l'infiorescenza secca cadranno i semi: ogni cipolla ne produce a centinaia. La semina dà ovviamente risultati più lenti ma è più facile ed economica rispetto alla messa a dimora del **bulbetto**, che fra l'altro non è adatta a tutte le varietà di cipolla.

Avversità. L'eccessiva umidità unita al freddo può predisporre il bulbo a **marciumi** fungini.
Un parassita specifico è la **"mosca della cipolla"**, la cui larva scava gallerie nel bulbo. L'insetto si riproduce in tre generazioni: aprile-maggio, luglio-agosto e settembre-ottobre. Una delle misure preventive è costituita dal trapianto tardivo, eseguito cioè dopo la deposizione delle uova tra aprile e maggio o tra settembre e ottobre. La consociazione con la carota è benefica per la cipolla, poiché le due piante si difendono contro le rispettive larve parassite.
Per altri parassiti vedi la parte sulle bulbose del secondo capitolo.

8.2. Aglio

Originario di Asia centrale e India, poi diffuso nel bacino del Mediterraneo, è conosciuto fin dall'antichità come condimento e fitoterapico. Gli si attribuiscono infatti proprietà antisettiche, ipotensive, anticolesterolemiche, diuretiche e anticoagulanti, grazie alle **sostanze solforate** che sono anche alla base dell'inconfondibile aroma.

Il **bulbo**, di un colore dal bianco al rosso a seconda della varietà, è composto da almeno 15-20 bulbilli dalla forma arcuata e struttura carnosa: sono le gemme ingrossate, con gli abbozzi fogliari. Possiede una tunica cartacea esterna, un disco basale semilegnoso da cui si dipartono le radichette e una sequenza di foglie modificate che racchiudono quella che chiamiamo "anima" (foglia fertile poiché protegge il germoglio). La bulbificazione avviene in seguito al giorno lungo e a temperature tra 10° e 15°.

Le **foglie** sono lunghe, sottili e cerose. L'infiorescenza è un elegante globo color rosa o violetto.

Esigenze. Necessita di **terreno** sciolto e profondo 15-20 cm per garantire buon alloggiamento di bulbi e radici, ma non per forza umifero. Terreni umidi, sassosi o compatti stressano i bulbi con rischio di marciumi e malformazioni; in questi casi ti conviene coltivarlo su montagnole in modo che l'acqua sgrondi. Esige terreni ben lavorati; non per forza a fondo, poiché le radici rimangono superficiali. Il pH ottimale è neutro, ma tollera una certa alcalinità. Predilige ambienti freschi, con minime di 0° e massime tra 15° e 18°.

La **temperatura** minima di germinazione è di 5°. Le temperature ottimali per crescita e bulbificazione sono tra 18° e 23°, tipiche della tarda primavera.
Non essendo una specie miglioratrice, dal momento che non richiede lavorazioni consistenti e profonde, otterrai maggiori risultati se la fai **succedere** a una specie che invece lo è (es. patata). È soggetta a patologie ipogee, quindi non deve essere coltivata dopo colture bulbose/carnose con gli stessi problemi. Ciò vale più che altro se intendi dedicare all'aglio un intero appezzamento (magari per autoprodurti pesto, salse, brodo ecc.), ma di solito se ne coltiva qualche pianta qua e là fra altri ortaggi.
Per sopprimere la dormienza dei bulbi tienili a 5-10° per una settimana (**vernalizzazione**), ma prima di metterli in frigorifero accertati che la temperatura non sia minore di 5°, in quanto cresce il rischio di malformazioni. La dormienza salta anche con la conservazione dei bulbi a temperature di oltre 30°: in estate la vernalizzazione non è necessaria.
I bulbilli migliori sono quelli più grossi (2-3 g). Dopo averli separati ed eventualmente disinfettati con prodotti appositi, si **impiantano** a una distanza di 30-60 cm interfila e 10-15 cm sulla fila, e ad una profondità di 3-5 cm. Interrali in verticale, rispettandone la polarità.

L'impianto può avvenire:

- in **autunno**: l'aglio autunnale ha ciclo più lungo, ma è molto più produttivo e si conserva più facilmente;
- in **primavera**: cioè a fine febbraio o più avanti nelle zone settentrionali.

In ogni caso la **raccolta** avviene tra giugno e agosto, quando le foglie ingialliscono e seccano. I bulbi si possono conservare da pochi mesi a un anno; durano di più se posti all'ombra, a 0° e umidità al 70%, lontani dal terreno.

Nella **concimazione** sono importanti non solo i tre elementi classici, ma anche calcio e zolfo. Non è consigliata la letamazione diretta, poiché l'aglio non è in grado di utilizzarla adeguatamente e, se il letame non è ben maturo, favorisce patologie parassitarie e distacca le tuniche. Meglio sfruttare i residui nutrizionali delle coltivazioni precedenti, o effettuare concimazioni leggere a base di solfati. L'**azoto**, in quantità maggiori e squilibrate rispetto a fosforo e potassio, induce eccessivo lussureggiamento con riduzione della bulbificazione e dell'aroma.

Non è esigente a livello **idrico**, spesso viene coltivato in asciutto, tranne all'ingrossamento del bulbo. Nelle zone settentrionali non è necessario irrigare; nel meridione si irriga 2-3 volte durante il suo ciclo colturale. Tre settimane prima della raccolta è comunque necessario interrompere l'irrigazione per favorire la maturazione dei bulbi e non pregiudicare la conservabilità.
Rimuovi le **infiorescenze** insieme al loro stelo se vuoi favorire la bulbificazione.

<u>Propagazione.</u> Se è la tua prima coltivazione, dovrai procurarti i **bulbilli**. L'aglio da supermercato è spesso trattato con

inibitori della germinazione: puoi provare a contrastare la dormienza tramite la vernalizzazione oppure procacciarli presso le aziende speializzate o qualche coltivatore. Separa i bulbilli facendo attenzione a non schiacciarli e seleziona i più grossi, mantenendo le tuniche protettive.

Avversità. La pianta può essere soggetta all'attacco di **larve** di lepidotteri o di mosche. In vaso puoi proteggerla con una rete a maglie fitte. Vedi anche la sezione dedicata ai bulbi da fiore.

8.3. Scalogno

Parente dell'aglio e della cipolla, lo scalogno produce come questa un **bulbo** dalle tuniche dorate o rossicce, ma più piccolo e allungato. Il nome pare ispirato ad un'antica città portuale, Ascalona, situata sulle coste israeliane. Molti lo preferiscono perché il **sapore** è meno piccante rispetto a quello dell'aglio e perché non fa bruciare gli occhi come la cipolla.

Le **foglie** sono lineari e aromatiche come altre liliacee, e si dipartono tutte dalla sommità del bulbo. L'**infiorescenza** è un globo di fiorellini bianchi, che compare tra giugno e luglio.
Lo scalogno è una coltura facile e che può dare grandi soddisfazioni, anche in vaso.

Esigenze. Il **terreno** va lavorato a una profondità di circa 20 cm, affinato, spietrato e concimato. In caso di suoli molto compatti miscela della sabbia oppure coltiva la pianta su file rilevate.

In genere si **semina** il bulbo intero da ottobre a marzo (l'autunno è l'epoca più adatta al sud, la fine dell'inverno al nord), a distanze interfila di circa 20-30 cm e sulla fila di 10 cm. Si interra superficialmente, ricoprendo poi la punta del bulbo con un po' di terriccio.

Mantieni **umido** il suolo fino all'emergenza delle piantine, ma non saturarlo. Quando sono cresciute abbastanza **rincalza** il terreno contro il colletto con le mani o la zappa e riduci la frequenza delle innaffiature. Non necessita di concimazioni ulteriori dopo l'impianto.

Lo scalogno sarà pronto da **raccogliere** da maggio a luglio, quando la parte aerea è disseccata. Si **conserva** per parecchi mesi in luogo fresco, asciutto e buio, eventualmente in mazzetti appesi tramite gli sterpi intrecciati. Se vi è umidità il bulbo può germogliare: è comunque commestibile, ma puoi interrarlo subito per avere una nuova piantina.

<u>Propagazione.</u> Si fa quasi esclusivamente tramite **bulbi**: dal momento che la pianta ne produce più di uno, alcuni possono essere tenuti da parte e ripiantati. Accertati però che siano sodi e sani.

<u>Avversità.</u> Lo scalogno è molto gradito ai **topi** e altri mammiferi terricoli. Se noti dei buchi o piante divelte zappetta in mezzo alle file per distruggere eventuali gallerie.
Terreni eccessivamente bagnati possono provocare marciumi radicali.

8.4. Cipollotto

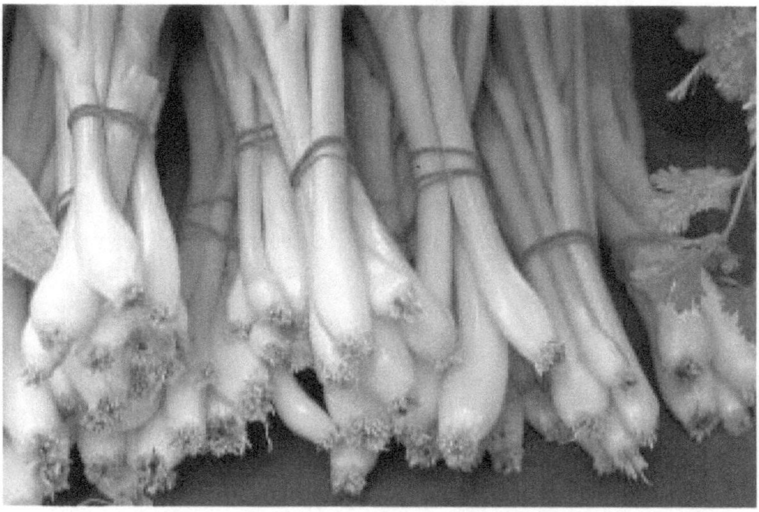

Detto anche "cipolla d'inverno", il cipollotto appartiene al genere dell'aglio. È un'erbacea perenne grazie al piccolo **bulbo** sferico o cilindrico e di colore bianco o rosso, da cui si dipartono foglie lineari e cave (anch'esse commestibili). L'**infiorescenza** è un globo bianco-giallastro portato su un lungo stelo.

È una coltura amica del giardiniere principiante, poiché rustica, di facile coltivazione e adatta anche ai balconi.

Esigenze. La pianta è molto resistente sia al **freddo** sia alle alte temperature. Il **terreno** deve essere preparato per il bulbo: lavorato a una profondità di 30-40 cm, ben affinato e drenato, possibilmente subacido.

L'**impianto** si esegue da marzo a maggio tramite semina (in campo, in vaso o in semenzaio) o trapianto; le distanze sono modeste: 5-10 cm sulla fila e 10-15 cm tra le file. I bulbi si possono piantare anche in autunno, interrandoli a qualche

centimetri di profondità. L'emergenza della piantina avviene a circa tre settimane dalla semina.
Durante la coltura puoi eseguire una o due **rincalzature** per incrementare la parte bianca.

La **raccolta** si effettua da giugno a ottobre; puoi lasciare qualche bulbo a svernare nel terreno in modo che germini l'anno seguente. Il secondo anno dovrai raccogliere prima che la pianta vada a fiore, o recidere lo stelo fiorale per evitare che il bulbo si svuoti.

<u>Propagazione.</u> Tramite seme, bulbo o divisione di cespo, estirpando i **cespi** e dividendo il panetto di terra.
Il recupero del **seme** avviene come per le altre liliacee: si lasciano le piante in campo dopo l'inverno e, l'anno successivo, si preleva l'infiorescenza secca da cui si ricavano i semini.

<u>Avversità.</u> Tra i parassiti animali puoi trovare la tignola del porro, la mosca della cipolla e i piccoli tripidi.

Test domande e risposte

1. Cos'è la scacchiatura?

2. Il carosello è un melone o un cetriolo?

3. A cosa serve la rincalzatura?

4. Cos'è il turione?

5. E un carduccio?

6. Quali sono le piante più indicate per proteggere le colture dai nematodi?

7. E quelle contro le larve di mosche?

8. Cos'è il navone?

9. Di che colore erano le prime carote alimentari?

10. Cos'è la pastinaca e che sapore ha?

RISPOSTE

1. La scacchiatura è un'operazione colturale che consiste nell'eliminazione dei germogli di alcune piante come il pomodoro, germogli che producono poco e tolgono energia alla pianta.
2. Il carosello è una specie di melone, anche se molti lo considerano un cetriolo.
3. La rincalzatura serve a ricoprire la buca d'impianto fornendo terriccio nuovo alla pianta, a controllare le infestanti, a evitare i ristagni a livello del colletto e a imbiancare alcuni ortaggi.
4. Il turione è il fusto edule dell'asparago.
5. Un carduccio è un germoglio laterale del carciofo, utilizzabile per la riproduzione.
6. Piante che proteggono dai nematodi sono calendula e tagete.
7. Le piante protettive contro larve di alcune mosche sono aglio, cipolla e carota.
8. Il navone è una specie di rapa afferente al genere della colza.
9. Le prime carote alimentari erano viola e gialle.
10. La pastinaca è una radice simile alla carota, ma di colore bianco e di un sapore a metà tra zucca e patata.

I segreti svelati in questo capitolo

1. Le caratteristiche colturali generali delle **solanacee** (pomodoro, peperone, melanzana) sono: la coltivazione primaverile-estiva, le esposizioni calde e luminose, il terreno argilloso ma sempre ben drenato, concimazioni abbondanti e una discreta richiesta idrica, ma non tale da favorire i ristagni. Sono colture da rinnovo perché aprono il ciclo degli avvicendamenti.
2. Le **cucurbitacee** (zucchina, cetriolo, zucca, melone) sono avide di acqua e di concime, ma ripagano con una grande produttività. Richiedono esposizioni alla luce e ombreggiamento durante le ore estive più calde, e vanno impiantate trascorso il periodo delle gelate.
3. Gli **ortaggi da foglia** richiedono ombreggiamento frequente e irrigazioni regolari ma con volumi modesti; hanno ciclo breve e sono adatti a tutte le situazioni. Ricordati di non somministrare mai a queste colture del concime azotato in prossimità della raccolta.
4. Gli **ortaggi da radice**, bulbo o tubero richiedono un terreno non solo ben lavorato, ma anche sminuzzato e privo di materiale ingombrante. In caso contrario le radici cresceranno piccole, deformate o deviate. Deve essere inoltre ben drenato per evitare marciumi radicali.
5. Le **leguminose** sono piante importanti dal punto di vista alimentare e agronomico, in quanto le loro radici formano simbiosi con batteri azotofissatori e il sovescio arricchisce il terreno. Non necessitano di concimazioni azotate, alcune sono rustiche (cece), altre invece temono il freddo e richiedono costanti innaffiature. Possono essere usate come "coda" nelle rotazioni, poiché ristabiliscono l'equilibrio del suolo.
6. Oltre all'irrigazione e alla concimazione vi sono altre **operazioni colturali** importanti: la rincalzatura, la sarchiatura (o l'eliminazione manuale delle infestanti), la potatura

(scacchiatura, asportazione di getti o foglie vecchie ecc.) e la cimatura (per favorire la fruttificazione).
7. Alcuni ortaggi (finocchio, cardo, porro, cipollotto...) necessitano di un'**imbiancatura** che li renda più dolci e teneri: si rincalza il terreno più volte contro la base del fusto oppure si avvolge la pianta con del polietilene nero.
8. Se vuoi **autoprodurre la semente** ricorda che non è scontata la conformità del risultato, ma ti consente di produrre senza spendere un soldo. Nelle piante che producono frutti insignificanti il seme si preleva mandando la pianta a fiore, facendolo seccare e scrollandolo. Nelle piante da frutto si mette la polpa in ammollo, si scartano i semi che vengono a galla, si essiccano gli altri e si conservano fino al momento più opportuno.
9. Una buona **rotazione** delle colture consente al terreno di non impoverirsi e impedisce la diffusione di patogeni e infestanti. La coltura che apre il ciclo è quella "miglioratrice" o "da rinnovo" (solanacee), che necessita di buona lavorazione e concimazioni abbondanti; in seguito puoi scegliere tra varie colture di seconda fase (aglio, cipolla, insalate ecc.) e infine pianta una leguminosa per ripristinare la struttura del terreno.
10. Gli ortaggi **più facili** da coltivare, ideali per chi ha appena cominciato, sono scalogno, ravanello, navone, verdure da insalata, cipollotto, prezzemolo. Tra i più complessi ci sono asparago, carciofo e cardo.

9. L'ORTO INFINITO: COME RIGENERARE VERDURE PARTENDO DAI RESTI

Quante volte buttiamo via la base del porro, il gambo del sedano, le foglie del basilico troppo lunghe o un pezzetto di patata germogliata? E se ti dicessi che da quegli "scarti" può nascere una nuova pianta?

Sembra magia, e in un certo senso lo è. Ma si tratta anche di biologia, pazienza e conoscenza di semplici tecniche di rigenerazione vegetale, accessibili a tutti.

Coltivare un orto non significa sempre partire dai semi. A volte, la natura ci regala una scorciatoia meravigliosa: quella della riproduzione vegetativa, ovvero il metodo con cui una pianta può generare un'altra copia di sé... senza passare per il seme.

Questo processo è antichissimo. Giardinieri, ortolani e contadini lo conoscono da secoli. Oggi possiamo riscoprirlo in casa, con pochi strumenti, un po' d'acqua e tanta curiosità.

9.1. Cos'è la riproduzione da scarti?

In botanica si chiama propagazione vegetativa. Alcune piante hanno la straordinaria capacità di generare radici o nuovi germogli a partire da una porzione del loro corpo: un gambo, una foglia, un bulbo, una radice.
Questa tecnica ti consente di moltiplicare le tue piante senza dover acquistare semi o nuove piantine, e rappresenta una forma di autosufficienza ecologica e sostenibile.
In pratica: quello che ieri finiva nel bidone dell'umido, oggi può diventare il tuo orto del futuro.

2. Gli esempi più facili (provali subito!)

Il porro

Taglia il porro a 2-3 cm dalla base. Metti il fondo in un bicchiere con acqua fino a coprire le radici residue. Posizionalo su un davanzale soleggiato.
Dopo pochi giorni vedrai spuntare nuove foglie: è nato un nuovo porro!

Il basilico

Prendi un rametto di basilico lungo almeno 10 cm. Elimina le foglie basse e mettilo in un vasetto d'acqua.
Dopo circa 5-7 giorni compariranno le radici. Quando sono lunghe 2-3 cm, trapiantalo in terra. È fatta!

La lattuga

Conserva il "cuore" bianco alla base di una lattuga. Mettilo in un piattino con poca acqua.
In pochi giorni inizieranno a spuntare nuove foglie. Potrai raccoglierle più volte.

Il sedano

Stessa tecnica della lattuga. Il cuore del sedano può rigenerarsi più volte. Quando spuntano nuove foglie, puoi trapiantarlo in vaso.

La patata germogliata

Hai una patata con i "germoglietti"? Tagliala in 2-3 pezzi, lasciando almeno un germoglio per parte. Lasciali asciugare un giorno e poi interrali.
Da ogni pezzo nascerà una nuova pianta.

9.3. Tecnica base: come fare

Scegli una parte sana della pianta (gambo, base, foglia, tubero).

Immergila in acqua pulita, cambiandola ogni 2-3 giorni.

Posiziona il contenitore vicino alla luce naturale, ma non in pieno sole diretto.

Osserva le radici crescere (generalmente in 4-10 giorni).

Trapianta in vaso quando le radici sono visibili e robuste.

Attenzione: non tutte le piante funzionano con questa tecnica, ma molte verdure comuni sì. Alcuni ortaggi, come pomodoro o zucchina, invece, vanno preferibilmente coltivati da seme.

9.4. Perché farlo?

È economico: ogni pianta nuova ti fa risparmiare.

È sostenibile: riduci gli scarti e coltivi in modo green.

È educativo: perfetto da fare con bambini o anziani.

È terapeutico: osservare la vita che nasce è un potente antistress.

Questa pratica ti insegna qualcosa di profondo: la natura si rigenera. E anche tu puoi farlo, giorno dopo giorno, pianta dopo pianta.

9.5. Come recuperare i semini da frutta e ortaggi, conservarli e coltivarli con successo

Se ci pensi, ogni frutto e ogni ortaggio è un contenitore di futuro. Dentro a un pomodoro, un peperone, una mela o una zucca si trovano decine, a volte centinaia di piccoli semi, pronti a diventare nuove piante.

Eppure, ogni giorno li buttiamo via con leggerezza, senza pensare che stiamo scartando una risorsa preziosa, totalmente gratuita, naturale, e soprattutto viva.

In questo capitolo scoprirai come estrarre, essiccare e conservare i semi delle verdure e dei frutti più comuni, per poi seminarli e far nascere nuove piante. Coltivare a partire dai propri semi è un atto potente: significa entrare in sintonia con i cicli della natura, rompere la dipendenza dai semi confezionati e imparare a leggere la vita in un semino grande pochi millimetri.

Perché coltivare dai semi "di casa"?

Chi ha un orto, anche solo in vaso, lo sa: la tentazione di comprare tutto pronto è forte. Semi impacchettati, piantine già formate, terriccio preconcimato. Ma se vogliamo fare un passo verso l'autoproduzione reale, dobbiamo imparare a chiudere il ciclo naturale: **mangiare → recuperare → piantare → coltivare → raccogliere.**

Coltivare dai propri semi significa:

- Risparmiare denaro e viaggi al vivaio.
- Selezionare i semi migliori in base al gusto, alla resistenza e alla produttività.

- Preservare la biodiversità: ogni seme salvato è un piccolo atto contro l'omologazione agricola.

- Imparare a osservare le piante e i loro tempi.

Inoltre, c'è un'immensa soddisfazione nel far nascere una pianta da un seme che hai recuperato con le tue mani.

COME RECUPERARE I SEMI: FASE 1

Non tutti i frutti o ortaggi sono adatti: scegli quelli maturi, sani e possibilmente non ibridi (cioè non F1). I semi F1, infatti, danno spesso piante poco stabili o deludenti.

Ecco alcuni esempi pratici:

Pomodoro

Taglia il pomodoro e raccogli i semi insieme al loro gel trasparente. Mettili in un bicchiere con un po' d'acqua e lasciali fermentare 2-3 giorni. La fermentazione elimina la pellicola gelatinosa che impedirebbe la germinazione. Dopo la fermentazione, scola, lava bene i semi e mettili ad asciugare su carta assorbente in un luogo fresco e ventilato. Quando sono completamente asciutti, conservali in una bustina o in un barattolo.

Peperone

Apri il peperone, raccogli i semi direttamente dalla parte interna, scartando quelli anneriti o troppo piccoli. Non serve fermentare: basta lavarli e asciugarli all'aria per qualche giorno. Conserva solo quelli integri e ben formati.

Zucchina e cetriolo

Attendi che la zucchina sia molto matura, quasi ingiallita e dura (quindi non da consumo fresco). Aprila e recupera i semi.

Lasciali asciugare bene dopo averli lavati. I cetrioli si comportano allo stesso modo: per fare i semi, vanno lasciati maturare ben oltre il normale raccolto.

Anguria e melone
I semi si possono recuperare mentre si mangia il frutto. Basta lavarli, asciugarli su carta e conservarli solo dopo almeno 5-6 giorni di essiccazione completa.

Mela, pera, albicocca, pesca
I semi delle mele e delle pere possono germogliare, ma sono meno affidabili e richiedono una stratificazione a freddo (cioè devono "passare l'inverno" in frigorifero o all'aperto prima di germogliare). I noccioli di albicocca e pesca si possono rompere delicatamente e usare il seme interno, ma con tempi lunghi e tassi di successo bassi.

ESSICCARE I SEMI: FASE 2

Dopo averli lavati, i semi devono asciugare completamente prima di essere conservati. Anche una piccola umidità residua può causare muffe o marcescenza.

- Spargili su un foglio di carta da cucina o un vassoio.
- Non metterli al sole diretto: meglio un luogo ombreggiato e ventilato.
- Girali ogni tanto per evitare che si attacchino.
- Il tempo ideale è tra i 3 e i 7 giorni, a seconda del seme.
- Quando il seme è secco, lo sentirai croccante al tatto e non più flessibile.

CONSERVARE I SEMI: FASE 3

Una volta asciutti, i semi vanno conservati in bustine di carta, barattolini di vetro o contenitori ermetici. Importante: etichetta tutto con nome della pianta e data di raccolta.

Conservali in un luogo buio, asciutto e fresco. In queste condizioni, i semi possono durare anche 2-5 anni, a seconda della specie.

SEMINARE I SEMI: FASE 4

La semina dipende dalla specie, ma alcuni principi sono comuni:

Non tutti i semi vanno interrati in profondità: in genere, si semina a una profondità pari a 2-3 volte la dimensione del seme.

Usa terriccio leggero, umido e ben drenato.

Copri con un sottile strato di terra, compatta leggermente e spruzza con acqua.

Tieni il semenzaio in un luogo caldo e luminoso, lontano da correnti d'aria.

La germinazione richiede pazienza, ma vedere il primo germoglio è una gioia autentica.

In conclusione, coltivare a partire dai semi che recuperi è un ritorno alle origini. Non solo ti permette di risparmiare, ma ti insegna a osservare, ad aspettare, a fidarti del ciclo della vita. Ogni seme che metti da parte è una promessa, una potenzialità, una piccola rivoluzione verde nel tuo balcone o nel tuo orto.

Test domande e risposte

1. Cos'è la riproduzione vegetativa e perché è utile nell'orto domestico?
2. Fai un esempio concreto di una pianta che puoi rigenerare in acqua e descrivi come farlo.
3. Quali sono i vantaggi ecologici ed economici della coltivazione da scarti?
4. Perché la luce è importante nel processo di rigenerazione in acqua?

RISPOSTE

1. La riproduzione vegetativa è un meccanismo naturale con cui una pianta può dare origine a una nuova pianta partendo da una sua parte, come una radice, un gambo o una foglia, senza l'uso di semi.
È particolarmente utile nell'orto domestico perché permette di moltiplicare le piante in modo semplice, economico ed ecologico, anche in ambienti urbani o con poco spazio.
2. Il basilico è uno degli esempi più facili e gratificanti. Basta prendere un rametto lungo circa 10 cm, togliere le foglie basse e metterlo in un bicchiere d'acqua vicino a una finestra. Dopo circa una settimana, spunteranno delle radici bianche. Quando raggiungono i 2-3 cm, si può trapiantare in un vasetto con terriccio. In poco tempo, la piantina crescerà forte e profumata.
3. Questo tipo di coltivazione permette di ridurre i rifiuti organici trasformandoli in risorse. A livello ecologico, si limita l'impatto ambientale legato al trasporto e all'imballaggio dei prodotti agricoli. Dal punto di vista economico, consente di risparmiare sull'acquisto di piantine o ortaggi. Inoltre, rafforza l'autosufficienza alimentare e il contatto con la natura.
4. La luce stimola la fotosintesi, il processo fondamentale con cui la pianta produce energia. Anche se le piante sono immerse in acqua, hanno bisogno della luce per attivare la crescita delle radici e dei germogli. Una luce naturale, indiretta e costante favorisce una rigenerazione più sana e veloce.

Segreti svelati in questo capitolo

. Le piante non si moltiplicano solo dai semi: molti ortaggi si rigenerano da scarti.

. L'acqua e la luce sono sufficienti per far nascere nuove radici.

. Ogni cucina può diventare un laboratorio botanico a costo zero.

. Riciclare ortaggi è ecologico, educativo e gratificante.

. Anche chi non ha il “pollice verde” può iniziare da qui.

CONCLUSIONI

Coltivare un orto è molto più di una semplice attività domestica: è una scelta di vita.

Abbiamo attraversato insieme i passaggi fondamentali per creare e gestire un orto, anche in spazi piccoli, imparando a conoscere ortaggi di ogni tipo, tecniche pratiche e benefici profondi. Ora sai che non serve avere ettari di terra per iniziare: bastano un balcone, qualche vaso, un po' di cura… e il desiderio di cambiare abitudini in meglio.

Coltivare significa:

- *Mangiare meglio, con prodotti sani e pieni di gusto.*
- *Risparmiare, perché produrre da sé è un atto economico.*
- *Rilassarsi, perché la natura è terapeutica e calma la mente.*
- *Educare, perché un orto insegna pazienza, costanza, gratitudine.*

L'orto è un piccolo mondo che cresce con te. E ogni pianta che sboccia è un piccolo successo.

Non importa quanto grande sarà il tuo raccolto: ciò che conta è l'esperienza, il contatto con la terra, la soddisfazione personale. Con questo libro hai tutti gli strumenti per cominciare e continuare con entusiasmo.

Ora tocca a te. Sporcati le mani, semina, aspetta… e raccogli. L'orto non ti darà solo verdure: ti restituirà benessere, gioia e un nuovo modo di guardare il mondo.

Buon orto, ortolano del futuro!

www.ingramcontent.com/pod-product-compliance
Lightning Source LLC
LaVergne TN
LVHW060446051026
849518LV00002B/636
* 9 7 8 8 8 9 3 0 5 7 6 6 0 *